KB092937

김민복의 전기·전자시리즈 ⑥

자동차용센서

김 민 복 ◆ 著

자동차문화의 자존심

골든-벨

책을 펴내며

1971년 세계 최초로 인텔(사)의 4비트 마이크로 컴퓨터의 등장으로 자동차 기술발전은 급격한 변환기를 맞게 된다. 마이크로 컴퓨터의 등장은 지금까지 기계적 제어 방법의 한계성을 뛰어 넘어 인간의 욕구를 추구하는 안전성, 편의성, 쾌적성, 친환경성 등 미래 자동차의 목표 실현을 가능케 하고 있다.

이와 같은 미래 자동차 실현은 전자 제어 기술의 접합과 함께 고도의 정밀도를 요구하는 센서 기술을 요구하고 있다.

특히 최근 자동차의 개념은 이동하는 수단에서 첨단 편의 공간으로 변화하기 시작하면서 새로운 기술의 센서가 적용되고 있기도 하다.

이러한 변화에도 불구하고 필자는 아직도 많은 기술인 들이 자동차 센서에 대한 기본 기술이 정립되어 있지 않아 전자 제어 장치를 공부하는데 어려움을 호소하는 것을 그들 가까이에서 지켜보면서 평소 생각하던 것을 정리하기로 결심하게 되었다.

이 책의 특징은 전자 제어 장치를 학습하는 분들에게 쉽게 이해할 수 있도록 센서의 검출 방식에 따라 종류별로 구분하여 설명하였다. 센서의 온도, 압력, 공기유량, 위치, 회전수, 가스 농도, 진동 및 가속도 등을 검출하는 방식에 따라 각 센서의 원리 및 특성을 설명하였으므로 현장 실무에 쉽게 접근할 수 있도록 정리하여 놓았다.

그러나 독자의 눈에는 많은 부족함이 있으리라 생각한다.

자동차 전장 기술을 함께하는 많은 여러분께 많은 관심과 조언을 부탁드리며 앞으로도 독자 중심에 서서 기술인이 좋아하는 책이 되도록 노력하겠다.

끝으로 이 책이 탄생하기까지 필요성을 공감하고 많은 조언과 협조해 주신 골든벨 출판사의 김길현 대표님과 편집부 여러분께 깊은 감사를 드린다.

2005년 10월

지은이

차 례

제5장

위치를 감지하는 센서

제6장

회전수를 감지하는 센서

제7장

가스농도를 감지하는 센서

제8장

진동을 감지하는 센서

제9장

가속도 및 각속도를 감지하는 센서

제1O장

광량 및 거리를 감지하는 센서

제11장

스텝핑 모터

제12장

부 록

01

센서의 개요

1 CHAPTER

센서의 개요

 **자동차 센서의 개요**

18세기 인류 최초로 자동차를 만든 이래 자동차는 교통수단으로서 도구 뿐만 아니라 하나의 생활공간으로 발전을 거듭해 왔다. 이러한 기술의 발달은 특히 걸작품이라 할 수 있는 컴퓨터의 탄생은 산업 기술의 급속한 환경 변화를 가져오게 되었고 1971년 세계 최초로 4

▲ 사진1-1

비트 마이크로 컴퓨터의 등장은 일상에서 조차 혁신적인 삶의 변화를 가져오게 되어 인간의 꿈을 실현하는 새로운 미래 사회의 장을 열수 있게 되었다. 이와 같은 마이크로 컴퓨터의 개발은 또한 인간이 기계의 조작과 운행을 대신하는 제어 기술의 접목으로 메카-트로닉스(mechanics & electronics의 합성어)라는 새로운 신종어를 만들어 내기도 하였다. 메커트로닉스의 대표적인 제품으로는 로봇과 자동차를 예를 들 수 있는 데 자동차의 경우는 인간이 조작하던 일들을 보조하는 역할은 물론 인간이 추구하는 친환경적 요소까지도 전자 제어 기술의 접목을 통해 가능하게 되었다.

자동차에 적용되는 전자 제어 장치(컴퓨터 시스템)는 일반적으로 3개 구성 요소로 입력 장치인 센서부(sensor부)와 제어 장치인 컴퓨터(computer), 그리고 출력 장치인 액추에이터(actuator)로 구성되어 있으며 이와 같이 구성된 전자 제어 장치를 통해 인간이 추구하는 안전성, 편리성 및 친환경성 그리고 자동차의 고성능화를 목적으로 동력 성능 및 주행 성능 등을 실현하고 있다. 또한 자동차는 정보 산업의 발전으로 움직이는 휴식 공간은 물론 움직이는 OA(Office Automation) 공간으로도 그 기능을 실현 할 수 있게 되었다.

이러한 기능과 성능을 추구하는 제어 기술의 밑 바탕에는 기계 장치 기술은 물론 높은 정밀도를 요구하는 센서의 기술을 토대로 하고 있지 않으면 불가능 하다 해도 과언은 아니다. 센서는 사람의 감각에 해당하는 부분으로 센서 기술의 정도에 따라 감각기관이 응답 성능을 결정하는 중요한 요소가 되어 높은 정밀도를 요구하는 특성을 가지고 있다. 이러한 정밀도를 갖고 있는 센서가 자동차 내에서 문제가 발생하면 여러 가지 고장 현상으로 나타나게 되며 센서에서 출력되는 신호 또한 다양하여 근래에 자동차를 학습하는 사람에게도 이와 같은 제어 시스템을 이해하기 위해서는 센서에 대한 지식을 요구하는 시대가 되었다.

🔺 그림1-1

2 자동차용 센서

[1] 센서란 무엇인가

센서(sensor)란 쉽게 인간에 비교하여 보면 5감(시각, 청각, 미각, 후각, 촉각)을 감지하는 신경 세포와 같은 것으로 신경 세포에서 감지된 5감은 전기적인 신호로 변환 돼 우리의 뇌에 전달 되게 된다.

인간에 비교해 5감을 감지하는 센서는 감지된 신호를 ECU(컴퓨터)에 입력하여 읽어내기 위해서는 전기적인 신호로 변환하여 주어야 하므로 때로는 다른 표현으로 변환기(transdeser)라고 부르기도 한다.

이 같은 센서를 인간의 감각 기관과 같이 비교하여 보면 표 (1-1)과 같다.

사람의 눈은 빛에 의한 복사 에너지에 의해 사람의 망막에 상에 맺히듯이 빛에 의해 물체의 고유 저항 값이 변화하거나 물체의 에너지 갭(energy gap)이 변화하여 전위차가 발생하는 광전 변환 소자가 있으며 소리는 공기의 매질을 통해 사람의 고막에 전달되듯이 음파는 공기의 매질을 통해 진동막과 압전 물질을 진동하여 전기 신호로 변환하는 압전 변환 소자가 있다.

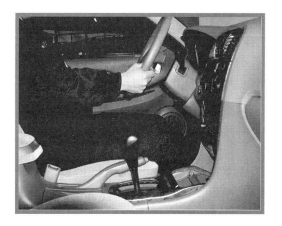

사진1-2

또한 사람의 피부를 통해 감촉과 온도를 인지 할 수 있듯이 기계적인 압력에 의해 전기적인 신호로 변환되는 왜형 센서, 물체가 온도에 따라 저항값이 변화하는 열전 변환 소자가 있으며 물질의 분자 흡착 통해 전위가 변화하는 가스 검출 센서의 예를 들 수가 있다.

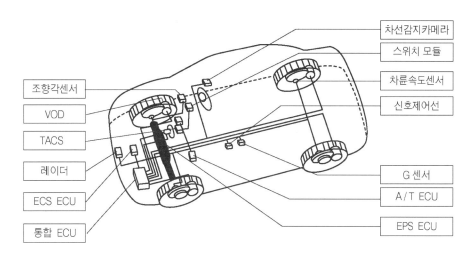

그림1-2 차량에 장착된 전자제어 장치들

15

기관	감각	현상	반도체 센서
눈	시각	빛	1) 광전 변환 소자 : CdS(광도전 소자), 포토-다이오드, 포토-TR, 태양 전지(광 전지)
귀	청각	소리	2) 압전 변환 소자 : 압전 소자, 피에조 저항, 감압 다이오드
피부	촉각	압력, 온도	3) 변위, 열전 변환 소자 : 왜형 센서, 열전대, 서미스터
코	후각	분자 흡착	4) 가스 검출 센서, 습도 검출 센서
혀	미각		5) 이온 검출 FET

[표1-1] 인간의 감각과 비교한 반도체 센서

[2] 시스템을 제어하기 위한 센서

자동차 전자 제어 시스템의 적용 목적을 살펴보면 배출 가스 억제와 성능 향상을 위해 연료 분사 시스템을 도입한 EMS(엔진 전자 제어 시스템), 조향 안전성 확보를 위한 ABS(전자 제어 제동 장치), 주행 안정성 확보를 위한 ECS(전자 제어 현가장치), 차량의 주행 속도에 따라 자동으로 변속되는 TCS(오토 트랜스미션 장치), 운전자에게 운전에 필요한 각종 정보를 제공하고 경보하는 TACS 시스템, 전방 장해물 식별 경보 및 자동제동을 실행하는 첨단 브레이크 시스템, 후방 물체를 감지하여 경고하는 후방 경보 시스템 등이 있다.

이와 같은 제어 시스템 들은 각종 센서의 신호에 의해 응답하고 제어하는 데 이들 시스템에 적용한 센서 들의 종류 살펴보면 다음과 같다.

① 온도를 감지하는 센서   ② 압력을 감지하는 센서

③ 공기 유량을 감지하는 센서   ④ 가스 농도를 감지하는 센서

⑤ 회전수를 감지하는 센서   ⑥ 진동을 감지하는 센서

⑦ 위치와 각도를 감지하는 센서   ⑧ 광량을 감지하는 센서

⑨ 거리를 감지하는 센서   ⑩ 액체 레벨을 감지하는 센서

⑪ 가속도를 감지하는 센서   ⑫ 전류를 감지하는 센서

⑬ 각속도를 감지하는 센서   ⑭ 하중을 감지하는 센서

⑮ 물체를 감지하는 센서

열전 효과를 이용하여 온도를 감지하는 센서는 온도에 따라 저항값이 변화하는 서미스터, 2종의 금속에 온도차에 의해 기전력이 발생하는 열전대를 이용한 센서 등이 있다. 압전 효과를 이용한 센서는 로셸 염이나 수정체 같이 압전 효과가 있는 물체를 이용하여 물체의 압력을 감지하는 센서 또는 물체의 압력과 응력에 의해 물체의 저항값이 변화하는 압전 세라믹 소자 등이 있다. 또한 물체

🔺 사진1-3 엔진 ECU

의 위치를 감지하는 센서로는 포텐쇼미터를 이용 공기의 유량을 간접 측정하는 공기 유량 센서, 공기의 와류를 초음파를 이용하여 카운트 하는 유량 센서가 있으며 물체의 화학 변화에 따라 물체의 이온 농도차에 의해 기전력이 발생하는 센서 등이 있다. 광전 효과를 이용하여 회전을 감지하는 센서로는 빛의 세기에 따라 물체의 저항값 또는 전류의 변화를 이용한 센서 등이 사용되고 있다.

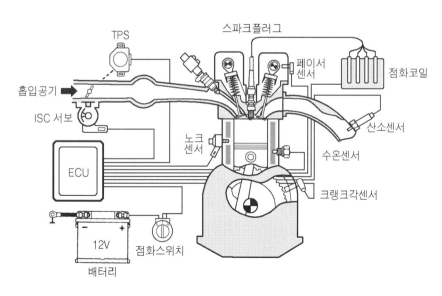

🔺 그림1-3 전자제어엔진(EMS)

[3] 자동차에 사용하는 센서

🔺 사진1-4 엔진 룸

🔺 사진1-5 자동변속기 절개품

　먼저 엔진의 배출 가스 억제를 목적으로 연료 분사 제어 및 점화 시기 제어, 공연비 보정 피드백 제어, EGR 비율 제어, 과급압 제어, 노킹 영역 제어, 아이들 회전수 제어, 흡입 공기량 제어 등을 실행하기 위해 EMS(엔진 제어 시스템)시스템에 사용되는 센서는 엔진 회전수를 감지하는 크랭크 각 센서, 점화시기를 결정하는 캠각 센서, 연료 분사 제어를 위한 흡입 공기량 검출 센서 및 TPS(Throttle Position Sensor), 흡기온 센서, 기타 보정을 하기 위해 필요한 냉각 수온 센서, 대기압 센서, 대기 밀도 센서, 노크-센서, 촉매 과열 온도 센서, 과급압 센서, 연료 압력 센서 등을 들 수 있다.

　또한 대중화 되어 있는 자동 변속장치의 제어 조건을 살펴보면 차량의 주행 속도와 엔진 부하에 따른 변속 패턴 제어, 변속 유압 제어를 들 수가 있고 변속기의 성능을 향상을 목적으로 댐퍼 클러치 제어 등이 있다. 이 같은 변속기의 제어 조건을 실행하기 위해 TCS(자동 변속 제어 시스템)시스템에 사용되는 센서로는 변속 레버의 입력 신호인 인히비터 스위치, 차량의 속도를 감지하는 차속 센서 및 TPS(액셀러레이터의 감지 신호), 변속 패턴 및 슬립율 제어를 위한 유온 센서 등을 예를 들 수 있다.

　차량이 고급화가 가속화 되면 안전성은 물론이지만 현가장치에 고급화가 뒷받침 되지 못하면 고급 차량이 될 수 없는 것처럼 현대의 차량들은 감쇄력 제어 및 안티-스쿼드(anti-squat)제어, 차고 제어, 자세 제어, 슬립율 제어 등을 실행하기 위한 ECS시스템(전자제어 현가장치)의 입력 정보용으로 사용되고 있는 센서로는 차체의 높이를 감지하는 차고 센서, 차량의 가속도를 감지하는 가속도 센서, 운전자의 가속 의지를 감지하는 액셀러레이터 센서, 차륜의 속도를 감지하는 휠-스피드 센서, 차량의 주행 방향을 감지하는 조향각 센서 등을 사용하고 있다.

또한 장거리 운행에 피로감을 덜어 주기 위한 정속 주행 장치에 이용되는 스피드 센서, TPS 센서, 차량의 실내의 쾌적한 공간 마련을 위한 실내 공기 감지 센서, 습도 센서, 실내 온도 센서, 실외 온도 센서 등이 사용되고 있으며 전방에 물체가 갑자기 나타났을 때 차량의 충돌을 방지하기 위해 물체를 거리를 연산하고 제동시 충돌 할 수 있다는 사전 경보를 알려 주는 전방 레이더 감지 장치에 적용되는 장해물 감지 센서, 전방 감시 카메라 등이 적용 되고 있는 것을 예를 들 수가 있다.

🔺 사진1-6 운전석과 조향 휠

🔺 사진1-7 계기판

그 밖에 차량 운행을 위한 운전자의 보조 기능으로서 TACS(Time & Alarm Control System)를 예를 들 수 있으며 TACS의 대표적인 편이 기능으로는 파킹-브레이크를 잠금체 차량을 주행하거나 도어가 열린 상태에서 주행을 하면 경보하는 경보 기능과 40km/h 이상 주행시 도어가 자동으로 잠기는 오토-도어 록 기능, 차량의 주행 속도에 따라 와이퍼의 속도가 가변하는 속도 감응 와이퍼 기능, 출발 전 안전벨트 미착용을 알려 주는 안전벨트 경보 기능 등을 들 수 있다.

또한 최근에는 이러한 경보 사항을 소리나 표시등을 통해 경보하지 않고 사람의 음성을 통해 경보해 주는 보이스-알렛(voice alert)기능을 가지고 있어서 운전자에 대한 경보음이 보다 친근감 있게 느껴지기도 하다 뿐만 아니라 트립 컴퓨터(trip-computer)의 장착

으로 주행에 관한 정보를 쉽게 판독 할 수 있도록 현재의 연료 잔량으로 주행거리를 알려 주는 기능과 현재의 속도로 주행시 목적지 까지 시간과 연비를 알려 주는 기능을 제공하기 위해 각종 센서로부터 입력 정보를 얻고 있다.

이러한 시스템에 사용되는 센서들은 도어의 개폐를 감지하는 스위치류의 센서나 액체의 레벨을 감지하는 액체 레벨 감지 센서, 속도를 산출하기 위한 차속 센서 소모 연료량을 산출하기 위한 연료 플로 센서(fuel flow sensor) 및 연료 레벨 센더 등을 주로 사용한다. 또한 운자자의 편의를 위해 좌석(seat)의 위치 및 사이드 미러(side mirror)의 위치를 운전자의 신체 조건에 맞게 조정하여 기억시켜 두면 주행전 자동으로 원위치로 찾아 가는 폴딩 미러 시스템(folding mirror system), IMS(Intelligent Memory System) 등에 위치를 감지하는 포텐쇼미터(potention meter)나 홀-소자 방식의 위치 감지 센서 등이 사용되고 있다.

최근에는 차량의 첨단 보안 시설들이 더욱 발달 돼 자동차에도 적용하기 시작 하였는데 그 중 몇 가지를 살펴보면 자동차의 열쇠 대신 사람의 지문을 통해 차문을 개폐 할 수 있는 지문 감지 시스템이나 마그네틱 카드를 사용하여 비밀 번호를 입력 하여야만 운행이 가능한 보안 시스템 등에 사용되는 지문 감지 센서나 마그네틱 테이프 리더기 등이 사용 되기도 한다. 이와 같이 자동차에 적용되는 센서는 적용되는 기술적인 면은 물론 제조 방법 등에 따라 종류 또한 다양하다.

🔺 사진1-8 프리히터 컨트롤러

🔺 사진1-9 커먼레일 시스템

계 통	제어(시스템)	센 서
[표1-2] 자동차용 센서의 용도별 분류		
1. 엔진	- 연료분사 제어, 점화시기 제어 - 공연비 피드백 제어 - 흡입 공기량 제어 - EGR 율 제어 - 아이들 회전수 제어 - 연료펌프 제어, 연료압력 제어 - 노킹 영역 제어, 과급압 제어 - 자기 진단	- 크랭크 각, 캠 각 센서 - 산소 센서, λ 센서 - 흡기류량, 흡기 압력 센서 - 대기압, 대기 밀도 센서 - 냉각 수온 센서 - 차속 센서, 압력 센서 - 노크 센서, 촉매과열 온도센서
2. 트랜스미션	- 변속 패턴 제어 - 변속 모드 제어 - 변속 유압 - 킥-다운 제어 - 댐퍼-클러치 작동역 제어	- 인히비터 스위치 - 모드 스위치, 차속 센서 - 유온 센서 - 스로틀 개도 센서(TPS) - 가속도 센서
3. 주행 및 차체	- 감쇄력 제어, 차고 제어 - 안티 스쿼드 제어 - 슬립율 제어 - 정속 주행 제어 - 조향율 제어 - 차간 거리 제어 - 감광 제어, 전조등 제어 - 공조 제어 - 우량 검출 제어	- 차고 센서, 감쇄력 센서 - 액셀러레이터, 가속도 센서 - 휠 스피드 센서 - 차속 센서, TPS - 조향 휠 센서 - 제동 거리 감지 센서 - 일사량 검출 센서 - 내, 외기온 센서, 습도 센서 - 레인 센서
4. 표시	- 연료 소비율, 연료잔량 표시 - 주행 가능 거리 표시 - 현차의 주행 위치 표시 - 냉각수, 오일 레벨 표시 - 와셔액, 배터리 액 레벨 표시 - 배기온 상한 영역 표시 - 엔진 오일 압력 표시 - 타이어 공기압 표시 - 후방 물체 감지 표시	- 연료 플로, 연료 레벨 센서 - 차속센서, 연료 잔량 스위치 * GPS 시스템 - 액량 감지 센서 - 액량 감지 센서 - 배기온 센서 - 오일 압력 센서 - 압력 센서 - 초음파 센서

[4] 전자 제어 가솔린 엔진과 센서

가솔린 엔진에 전자 제어 시스템을 도입하게 된 주 목적은 배출 가스 억제를 하기 위한 것으로 배출 가스를 억제하기 위해서는 연소실 내의 혼합 가스를 어떻게 하면 완전 연소를 시킬 수가 있느냐가 주된 목표가 되게 된다.

연소실 내의 연소 상태는 눈으로 확인 할 수 있는 부분이 아니기 때문에 배출 가스의 상태를 가지고 판단하게 되는데 이 때 필요한 것이 배출 가스 검출 센서이다. 따라서

🔺 사진1-10 연소실 내(절개품)

전자 제어 가솔린 엔진에서 배출 가스를 감지하는 산소 센서의 산소 농도를 감지 능력은 대단히 중요하다고 할 수 있다. 산소 센서에서 검출된 산소 농도는 컴퓨터가 인지할 수 있는 전기적인 신호로 변화하여 엔진 컴퓨터에 입력되면 그 때 컴퓨터는 입력된 정보를 바탕으로 연료의 량과 분사 시기, 점화시기를 결정하여 컴퓨터는 액추에이터를 구동 할 수 있는 전기 신호로 출력 하게 되는 것이다.

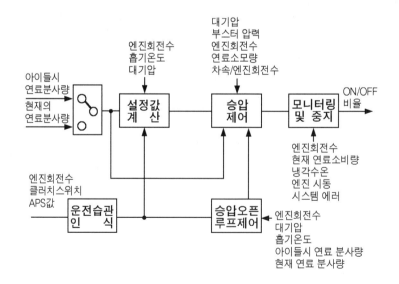

🔺 그림1-4 EMS의 제어 블록도

이렇게 출력 된 신호의 제어는 산소 센서의 정보만으로 불가능하므로 완전 연소에 필요한 여러 가지 조건의 입력 정보를 고려하지 않으면 안된다.

따라서 전자 제어 엔진의 입력 정보는 엔진의 회전수는 물론이고 흡입 되는 공기량 정보, 공기 밀도, 그때 냉각수의 온도, 운전자의 주행 의지를 감지하는 APS(액셀러레이터 포지션 센서), 현재 차량의 속도를 감지하는 차속 센서, 엔진의 부하 상태를 판별 할 수 있는 엔진 회전수 감지 신호 액셀러레이터의 개도 신호, 엔진의 노킹 영역에 있는 지를 판변하는 노크 센서, 가변 흡기 제어를 위한 고온 센서 등이 필요하다 이와 같이 배출 가스 억제를 위해서는 엔진의 제어조건에 따라 그 곳에 맞는 여러 가지의 입력 센서는 물론이고 출력 액추에이터가 필요로 하게 된다.

[5] 전자 제어 디젤 엔진과 센서

디젤 엔진 자동차에 가장 큰 문제점 중에 하나는 PM(Particle Matter : 입자상 물질)이라는 배출 물질이다. 인체에 유해한 PM(입자상 물질)의 저감 방법으로는 기존에는 배기구에 DPF(Diesel Particulate Filter)를 장착하였으나 이것만으로는 PM(입자상 물질)을 감소 할 수 없어 연료를 완전 연소하는 방향으로 접근하게 되었다. 디젤 엔진의 완전 연소 조건은 연료의 미립화가 가장 큰 관건으로 연료의 미립화를 하기 위하여는 높은 압력의 연료 압력이 필요하게 된다.

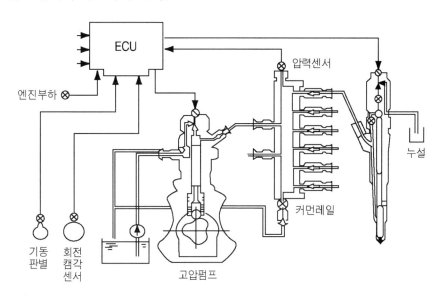

🔺 그림1-5 커먼레일 엔진의 기본 구성도

따라서 연료의 미립화가 필요한 커먼-레일 엔진은 무엇보다도 중요한 것은 연료 압력 센서라 아니 할 수 없겠다. 커먼-레일 엔진은 가솔린 엔진과 달리 고압 펌프에 의해 높은 압력의 연료 압력을 유지 할 수가 있어서 저속 구간이나, 고속 구간에서도 정밀하게 연료를 제어 할 수가 있는 특징을 가지고 있다.

3 센서의 기본 원리

차량에 적용되는 각종 센서의 기본 원리는 자연에 존재하는 모든 물체의 고유 성질 또는 특성을 공학적으로 이용한 것으로 한 예로 물체를 전기 저항율의 크기에 따라 분류하여 보면 물체의 저항율이 약 $10^{-3} \sim 10^{-6}(\Omega.m)$ 정도가 되는 전류가 잘 흐르는 도체가 있다. 또한 물체의 저항율이 약 $10^{1} \sim 10^{6}(\Omega.m)$ 정도가 되는 전류가 어느 정도는 흐르는 반도체가 있으며 물체의 저항율이 큰 약 $10^{10} \sim 10^{20}(\Omega.m)$ 정도가 되는 전류가 거의 흐르지 않는 부도체가 있다.

전기 저항율에 따라 분류한 물체는 주위의 온도 및 습도 또는 물체의 체적이나 인장력에 따라 크게 변화하게 되는데 이와 같이 주위의 환경 및 외력 의해 물체의 특성이 변화하는 것을 공학적으로 이용한 것이 센서(sensor)의 기본 원리이다. 예컨대 반도체의 경우는 반도체가 가지고 있는 고유의 에너지 준위가 주위의 온도나 습도, 압력, 빛 등에 따라 변화하는 것을 이용한 것이다.

🔺 사진1-11 수온센서

🔺 사진1-12 핫 와이어 AFS센서

    반도체는 그림(1-6)과 같이 에너지의 레벨이 낮은 순서로 가전자대, 금지대, 전도대로
구분 할 수 있는데 가전자대(전자가 충만 되어 있는 에너지대)에서 전도대(자유 전자가
되는 에너지대)까지 전자가 이동하려면 어떤 일정 한도 이상의 에너지를 필요로 하게 된
다. 이것은 $0°K$(절대 온도 $0℃$)에서는 가전대 보다도 높은 에너지를 가지는 원자는 존재
하지 않으나 온도가 상승하면 열 에너지에 의해 에너지-갭(energy gap)을 초과하여 전
도대로 올라가는 전자가 생기게 된다. 이렇게 올라간 전자는 전도대 내를 자유롭게 움직
일 수 있게 된다.

    또한 전자가 빠져나간 가전자대에는 홀(정공)이 생기게 된다. 이렇게 생긴 전도대의 자
유 전자와 가전자대의 홀(정공)은 전하를 운반하는 캐리어(전류)로서 역할을 하게 되는데
이 자유 전자와 홀(정공)은 외부의 에너지 즉 온도나 빛과 같은 에너지가 가해지게 되면
가해지는 만큼 자유 전자와 정공은 점점 증가하게 된다.

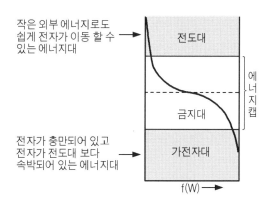

🔺 그림1-6 반도체 내의 전자분포

    즉 반도체는 온도가 올라가면 자유 전자와 홀(정공) 증가하여 저항이 낮아지는 반면 철
과 같은 금속은 가전자대(전자가 충만되어 에너지대)와 금지대가 겹쳐 있어 온도가 상승
하면 쉽게 전자가 전도대로 올라와 전도대 내의 자유 전자가 충만하게 됨으로 전자와 전
자간 충돌이 발생하게 되며 이 같은 현상은 온도가 상승할수록 심해져 금속과 같이 저항
율이 낮은 도체는 온도가 상승하게 되면 오히려 저항율이 증가하게 된다. 이와 같이 물체
의 온도 변화에 저항율이 변화하는 특성을 이용하여 온도를 감지하는 센서로 이용하는 것
이 반도체 서미스터(thermistor) 센서가 있다.

또한 그림(1-7)과 같이 서로 다른 불순물 반도체를 접합하게 되면 에너지 레벨의 차에 의해 외부로부터 빛 에너지를 받게 되면 가전자대의 전자가 전도대로 올라와 자유 전자의 에너지 레벨 차에 의해 광전류가 흐르게 되는데 이 같은 특성을 이용해 빛의 세기를 감지하는 센서로 포토 다이오드, 포토 트랜지스터 등이 활용되고 있다. 이와 같이 반도체라는 물체는 도체와 부도체와 달리 독특한 특성의 에너지 준위를 가지고 있어 반도체와 반도체 또는 반도체와 도체, 반도체와 부도체를 접합하여 여기서 발생되는 독특한 특성을 반도체 소자로 이용하고 있다.

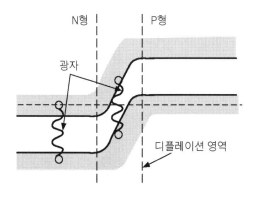

그림1-7 포토 다이오드의 캐리어 이동

[1] 센서의 전기적 원리

센서의 전기적 원리를 살펴보면 표 (1-3)과 같이 나타낼 수 있는데 온도를 감지하는 센서의 기본 원리는 서로 다른 2종의 금속을 접합시켜 폐회로를 만들고 접합면에 온도차를 갖게 하면 금속의 접합면에는 기전력(전압)이 발생하여 전류가 흐르게 되는 현상이 발생하는데 이것을 이용한 것이 열전대용 온도 센서가 있으며 이 같은 현상을 제벡 효과 (seebeck effect)라 한다.

열전 효과를 이용하여 온도를 감지하는 센서는 온도에 따라 저항값이 변화하는 서미스터, 2종의 금속에 온도차에 의해 기전력이 발생하는 열전대를 이용한 배기온 센서 등이 사용되고 있다. 압전 효과를 이용한 센서는 로셸염이나 수정체 같이 압전 효과가 있는 물체를 이용하여 물체의 압력을 감지하는 센서와 물체의 압력과 응력에 의해 저항값이 변화하는 압전 세라믹 소자 등을 이용하여 엔진의 흡기관 압력이나, 진공압을 감지하는 센서로 활용하고 있다.

[표1-3] 전기적 원리별로 구분한 자동차 센서(예)

구 분	전기적 원리	센 서
온도를 감지하는 센서	열전 변환 소자	• 열전대를 이용한 배기온 센서 • 반도체를 이용한 서미스터 센서 • 도체의 온도 계수를 이용한 핫 와이어 AFS
	자석을 이용한 센서	• 리드 스위치를 이용한 수온 스위치 • 리드 스위치를 이용한 서머 스위치
압력을 감지하는 센서	압전 변환 소자	• 피에조 저항 효과를 이용한 MAP 센서 • 진동을 전기적 신호로 변환하는 노크 센서 • 피에조 효과를 이용한 왜형 센서
회전수를 감지하는 센서	전자 유도 작용	• 전자 유도 작용을 이용한 크랭크각 센서 • 전자 유도 작용을 이용한 펄스 제네레이터
	홀 효과 소자	• 홀 효과를 이용한 캠 포지션 센서 • 홀 효과를 이용한 차속 센서
	광전 변환 소자	• 포토 TR을 이용한 조향각 센서 • 포토 TR을 이용한 크랭크각 센서
	자석을 이용한 센서	• 리드 스위치를 이용한 차속 센서
가스 농도를 검출하는 센서	분자 흡착	• 고체 전해질을 이용한 산소 센서 • 분자 흡착을 이용한 가스 검출 센서 • 이온 검출 FET를 이용한 가스 검출 센서
거리를 측정하는 센서	초음파	• 초음파의 물체 매질을 이용한 거리 측정센서 • 물체의 매질을 이용한 AFS 센서
빛을 흡수하는 센서	광전 변환 소자	• 빛의 흡수를 이용한 광전 변환 밀러

　또한 전자 유도 작용은 자속의 변화에 따라 전위차가 발생하는 것을 이용하여 물체의 위치나 회전수를 감지하는 마그네틱 픽업 방식(제너레이터 방식)의 센서가 활용되고 있으며 반도체의 홀(HALL) 효과를 이용하여 물체의 위치나 기계의 회전수를 감지하는 센서가 활용되고 있다. 물체의 위치나 회전수를 감지하는 센서로는 외부의 잡음 영향에 강한 빛을 이용한 광전 변환 소자가 센서로 활용되고 있기도 하다.

　그 밖에 공기의 유량을 간접 측정하는 공기 유량 센서, 공기의 와류를 초음파를 이용하

여 카운트하는 공기 유량 센서, 도체의 온도 계수를 이용한 핫-필름 AFS(에어 플로 센서) 센서 등이 활용되고 있다. 그 밖에 물체의 화학 반응에 따라 물체의 이온 농도차에 의해 기전력이 발생하는 성질을 이용하여 가스 농도를 검출하는 센서로 활용되고 있기도 하다.

반도체에는 빛 에너지를 흡수하면 원자핵에 속박되어 있던 가전자대 전자들이 전도대로 올라와 자유 전자가 되는 현상을 광전 효과라 하는데 이 현상을 이용한 것이 빛이 양을 감지하는 일사 센서나 빛이 감광에 따라 전조등이 자동으로 점등되는 곳 등에 활용되기도 하며 자동차의 회전 부분에 회전수를 감지하는 센서로도 활용되고 있다. 그 밖에 압전 변환 소자를 이용한 초음파 센서, 빛의 반사를 흡수하는 광전 변환 소자 등이 센서로 이용되고 있다.

이와 같이 센서의 근원적 원리는 물질이 갖고 있는 고유의 성질을 이용한 것으로 그 범위 또한 대단히 광범위 하며 최근에는 동물이나 곤충의 감각 기관과 전자 기술이 접목된 바이오 테크놀로지(생체 공학)가 선진국에서는 활발히 연구되고 있기도 하다.

02

온도를 감지하는 센서

2 CHAPTER
온도를 감지하는 센서

온도 센서의 종류

온도를 감지하는 센서를 크게 나누어 보면 측정하고자 하는 온도 부에 직접 센서를 접촉하여 측정하는 접촉식 온도 센서와 주위에 열을 방사하는 곳에 직접 접촉하지 않고 일정 거리에서 온도를 감지하는 비접촉식 센서가 있다.

현재 자동차용으로 사용되는 온도 센서로는 가격이 저렴한 접촉식 센서가 대부분 이용되고 있다.

주로 온도 센서를 이용하는 곳은 쾌적한 실내 환경을 유지하기 위해 실내 온도 및 실외 온도를 감지하는 공조 시스템용 온도 센서와 엔진의 과열 상태나 엔진의 성능 향상을 목적으로 엔진 정보를 감지하는 엔진 매니지먼트 시스템용 온도 센서, 동력 전달의 성능 향상을 위해 사용되는 A/T 시스템용, 4WD 시스템용 온도 센서 등이 있다.

증발기의 핀 스위치

🔺 사진2-1 증발기(이배퍼레이터)

외기온센서

🔺 사진2-2 외기 온도 센서

    이와 같은 시스템에 적용되는 자동차용 온도 센서를 종류별로 구분하여 보면 표 (2-1) 과 같이 물체의 자기 변태 현상을 이용하여 온도의 특정 영역을 검출하는 센서와 서로 다른 이종의 금속 열팽창 계수를 이용한 바이메탈식 센서, 온도의 변화에 따라 물체의 고유 저항값이 변화하는 것을 이용한 서미스터 센서, 서로 다른 2종의 물체의 에너지 준위를 이용한 열전대식 센서로 구분 할 수 있다.

[표2-1] 온도센서의 종류		
센서의 종류	소　재	사용 온도 범위
자기 변태 현상을 이용한 센서	페라이트	약 0~150℃
바이메탈을 이용한 센서	철과 콘스탄탄, 크로멜	약 0~300℃
서미스터를 이용한 센서	금속산화물+초산염	약 −200~800℃
열전대를 이용한 센서	크로멜, 알루멜	약 0~1000℃

    자기 변태 현상을 이용한 센서는 자성 재료로 우수한 페라이트라를 사용하는 것이 주종을 이루며 사용 온도 범위는 그 종류에 따라 차이는 있지만 자동차용으로는 약 60℃에서 150℃의 것을 많이 사용한다. 바이메탈을 이용한 센서의 경우는 철과 콘스탄탄 및 크로멜을 사용한 센서로서 그 사용 온도 범위는 약 300℃ 정도이다.

    서미스터를 이용한 센서로는 몰리브덴의 금속산화물에 초산염이나 탄산염을 혼합하여 소결시켜 만들고 있으며 사용 소재에 따라 사용 온도의 범위를 폭 넓게 선택할 수가 있고 내구성이 우수하며 가격이 저렴하여 현재에는 자동차용 외에도 폭넓게 사용되고 있는 센서이다. 열전대를 이용한 온도 검출 센서는 사용 온도 범위가 약 1000℃로 비교적 높아 자동차의 배기 부분과 같은 고열 부위의 측정에 적합하며 사용소재로는 크로멜이나 알루멜 등을 사용하고 있다.

2. 자기 변태를 이용한 센서

1. 서모 스위치

[1] 리드 스위치

리드 스위치는 자석에 잘 흡인되는 강자성체로서 그림 (2-1)의 (1)과 같이 강자성체의 리드는 탄성력을 갖고 있는 리드(reed) 2매를 작은 유리관 안에 넣고 리드에는 부식이 일어나지 않도록 유리관 안에는 불활성 가스를 봉입하여 놓은 것으로, 이 유리관 외부에 상하로 이동 할 수 있는 영구 자속을 설치하여 둔 일종의 마그네틱 스위치로 산업용 전자 부품으로도 많이 활용되고 있는 부품이다.

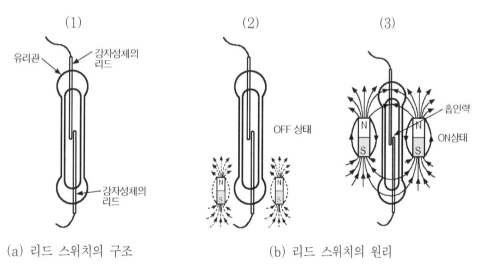

(a) 리드 스위치의 구조　　　　　(b) 리드 스위치의 원리

🔺 그림2-1 리드 스위치의 구조와 원리

리드 스위치의 동작 원리는 그림 (2-1)의 (3)과 같이 리드 스위치 부근에 자석을 배치 하여 놓고 자석이 리드 스위치의 중심부에 위치 할 때 자석에 의한 자력선이 N극에서 S 극으로 이동하며 이 때 리드(reed)를 통과한 자력선은 리드(reed)의 끝을 서로 다른 N 극과 S극으로 자화가 되어 리드는 서로 흡인력이 작용하게 돼 리드의 접점은 ON상태가 된다. 자석을 그림 (2-1)의 (2)와 같이 리드 스위치로부터 멀리 하면 자석에 의해 자화

되었던 리드는 원래 상태로 돌아가 리드의 탄성력에 의해 접점은 떨어지게 되어 결국 OFF 상태가 된다. 이와 같은 리드 스위치를 이용하는 센서는 냉각수의 온도를 검출하는 수온 스위치 또는 브레이크 오일의 액량을 검출하는 센서, 차량의 속도를 검출하는 차속 센서 등으로 다양하게 이용되고 있다. 자동차의 센서로 이용되는 리드 스위치는 일반적으로 작은 전류 용량으로 약 0.1(A) 정도의 허용 전류 용량을 가진 것이 주로 사용되고 있다.

(2) 수온 스위치

철은 상온에서는 자석에 잘 흡인되는 강자성체이지만 온도를 상승하면 어떤 특정 온도 부근에서는 갑자기 자성체의 성질을 잃어버리게 되어 자석을 가까이 하여도 자성체가 되지 않는 현상이 나타나게 되는데 이와 같은 현상을 우리는 자기 변태 현상이라 한다. 철의 산화물을 주성분으로 압분하여 소결하여 만든 것을 페라이트라 하는데 이 페라이트는 투자율이 높아 자성체의 재료로 아주 우수한 특성을 가지고 있어서 여러 가지 강자성체의 소재로 이용된다. 이 페라이트는 자기 변태 점이 약 80℃ 정도에서 냉각수 온도를 감지하는 스위치로 널리 사용하고 있기도 하다.

수온 스위치의 구조는 그림 (2-2)와 같이 영구 자석과 페라이트의 중앙에는 리드스위치를 놓고 그 주위에는 원통형의 영구 자석과 서모 페라이트를 놓아 둔 구조로 되어 있어서 저온 시에는 서모 페라이트는 영구 자석과 같이 자석이 되어 있다가 온도가 상승하여 자기 변태점에 도달하면 페라이트의 비투자율이 급격히 낮아져 자성체의 성분을 잃어 버리게 된다.

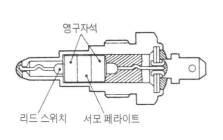

그림2-2 수온스위치의 구조

사진2-3 수온스위치(페라이트식)

　그림 (2-3)은 상폐형 접점의 서모 페라이트식 작동 원리를 나타낸 것으로 상온시에는 그림 (a)와 같이 페라이트는 하나의 자석으로 동작을 하게 되며 자력선의 이동 방향은 N극에서 S극으로 리드 스위치를 통하여 자로가 형성되어 2개의 리드(reed) 끝은 하나는 N극으로 다른 하나는 S극으로 자화가 되어 리드의 흡인력에 의해 상온시 에는 접점이 ON되어 있는 상태가 되며 온도가 상승하여 자기 변태점에 도달하면 그림 (b)와 같이 페라이트는 자성체의 성분을 잃어버려 마치 페라이트 자석이 없는 것처럼 작동하게 되므로 자력선의 이동은 N극에서 S극으로 리드를 통하여 자로가 형성된 자로는 자석의 인접 부분으로 이동하게 돼 리드의 끝은 자극의 극성이 서로 같아져 반발력이 발생하게 된다. 결국 리드는 OFF 상태가 된다.

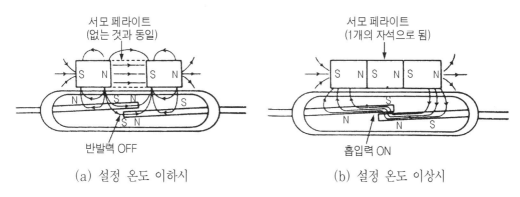

　　(a) 설정 온도 이하시　　　　　　　　(b) 설정 온도 이상시

🔺 그림2-3 페라이트식 서모스위치의 원리(상시폐형)

　이 같은 원리를 이용한 서모 페라이트식 센서는 자동차의 전동식 라디에이터의 온도 검출용으로 주로 사용하고 있다. 냉각수의 온도가 낮을 때에는 서모 페라이트식 센서의 리드 스위치가 ON 상태가 되어 있어서 이 센서를 통해 흐르는 전류는 라디에이터 팬 모터의 작동용 릴레이의 코일과 연결 되어 라디에이터 팬 모터를 구동하고 있다.

🔺 사진2-4 전동식 냉각장치

[3] 수온 스위치의 점검 방법

이 같은 서모 페라이트식 수온 스위치는 제조 방법에 따라 상폐형과 상개형 접점 방식 및 리드 스위치의 온도 범위가 넓은 영역에 거쳐 작동하는 대역형 접점 방식이 있다. 상폐형 접점 방식은 리드 스위치의 접점이 상시 ON 되어 있다가 페라이트의 자기 변태점에 다달으면 OFF 되었다 다시 온도가 내려가면 페라이트가 원래 상태로 회복되는데 이때 자성체의 히스테리시스 현상으로 리드 스위치가 OFF 된 온도에서 다시 ON되는 온도(회복 되는)는 특성은 그림 (2-5)와 같이 차이를 갖게 된다.

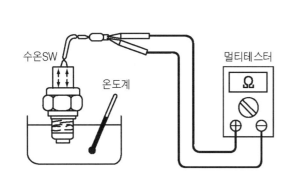

🔺 그림2-4 수온스위치 점검

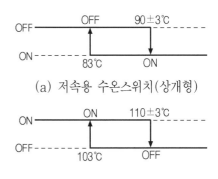

(a) 저속용 수온스위치(상개형)

(b) 고속용 수온 스위치(상폐형)

🔺 그림2-5 수온스위치 온도 특성(쏘나타)

일반적으로 서모 페라이트식 수온 스위치의 ON, OFF 시 온도는 약 7℃정도 차이가 나 정확한 온도값에서 리드 스위치가 ON, OFF 되는 것을 확인하기란 쉽지 않으므로 수온 SW 점검시 히스테리시스 현상을 고려하여 점검하지 않으면 안된다.

페라이트식 수온 스위치는 이러한 현상으로 수온 스위치를 점검할 때에는 그림(2-4)와 같이 비커에 온도를 가열하여 수온 스위치가 ON → OFF 및 OFF → ON 될 때의 온도를 확인하여 표 (2-2)와 같이 제조사가 제공한 규정치 범위에 있는지를 확인 하여야 한다.

하지만 이 방법은 현장감이 떨어져 실제 현장에서는 사용하지 않고 대신 자기 진단 장비인 스캐너를 이용해 엔진의 냉각수 온도를 확인하면서 냉각 팬이 회전하는 온도의 범위를 확인하여 규정값 내에 있는지 확인하고 있다.

차 종	구 분	OFF → ON 상태	ON → OFF 상태
베 르 나		82℃ ~ 88℃	78℃ ~ 84℃
아반테 XD		82℃ ~ 88℃	78℃ ~ 84℃
쏘 나 타	저속용 센서	87℃ ~ 93℃	83℃ 이하
	고속용 센서	103℃ 이상	107℃ ~ 113℃
다이너스티	저속용 센서	82℃ 이상	78℃ 이하
	고속용 센서	96℃ ~ 104℃	92℃ 이하

[표2-2] 차종별 수온스위치의 규정값

[4] 가변용량 컴프레서 시스템용 서모 스위치

페라이트식 서모 스위치는 엔진의 냉각수 온도를 검출하는 용도 외에도 여러 가지 용도로 활용 되고 있는데 그 중 대표적인 것이 에어컨의 운전 효율을 높이기 위해 설정 온도에 따라 제어하는 서모 스위치로도 사용하기도 한다.

그림 (2-6)의 (a)는 에어컨용 서모 스위치의 구조를 나타낸 것으로 중앙에 리드 스위치를 놓고 리드 스위치 주위에 영구 자석과 페라이트를 놓아 둔 것으로 설정된 특정 온도에 의해 자성일 잃는 자기 변태 현상을 이용한 스위치이다. 그림(2-6)의 (b)는 서모 스위치의 특성도를 나타낸 것이다.

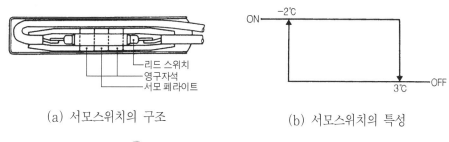

(a) 서모스위치의 구조   (b) 서모스위치의 특성

그림2-6 서모스위치의 구조와 특성

서모 스위치의 장착 위치는 그림 (2-7)과 같이 증발기의 출구쪽에 위치하여 저온 저압의 냉매 가스의 토출 온도를 감지하고 있다가 온도가 내려가면 컴프레서의 부하를 감소하

기 위해 서모 스위치를 ON 시키면 릴레이가 작동되어 밸브를 개폐하므로 컴프레서의 부하를 가변하는 장치에 온도 감지용으로 사용되고 있다.

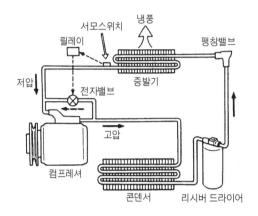

△ 그림2-7 에어컨 시스템

★ **페라이트** : 산화 제 2철을 압분 소결하여 만든 철심 재료로 투자율은 규소 강판에 비해 낮지만 비교적 와류손이 적다는 특징이 있어 고주파 철심 재료로 널리 사용되어 지는 물질이다. 저항율이 낮은 Mn-Zn 페라이트, 고주파용으로 널리 사용되는 Ni-Zn 페라이트 등이 있다.

3 바이메탈을 이용한 센서

1. 바이메탈 스위치

[1] 바이메탈

금속의 열팽창 계수는 그림 (2-8)의 온도 특성과 같이 금속의 종류에 따라 크게 차이가 있어서 열팽창 계수가 큰 서로 다른 2종의 금속을 융착하여 만든 것이 바이메탈(bimetal)이다. 바이메탈은 전기 회로에서는 과전류 방지용으로도 이용되고 있는데 이것은 두 금속에 과전류에 의해 열이 발생하면 서로 다른 두 금속의 열팽창 계수의 차에 의해

늘어남이 큰 금속이 늘어남이 작은 쪽으로 완곡(휘어지게) 되어 달라붙거나 떨어지게 돼 전류가 흐르는 회로를 차단하는 과전류 방지 회로에도 이용되며 이 성질을 이용해 온도를 감지하는 센서나 회로 등에 이용되고 있다. 바이메탈이 자동차의 부품으로 이용되는 것을 살펴보면 엔진의 전동식 냉각 회로에 온도를 감지하는 수온 스위치로 이용하고 있으며 연료량을 검출하여 연료량의 현재 상태를 지시하는 연료 게이지용으로도 이용되어지고 있다.

바이메탈은 가격이 저렴하고 특성이 우수하며 구조가 간단한 장점이 있어 현

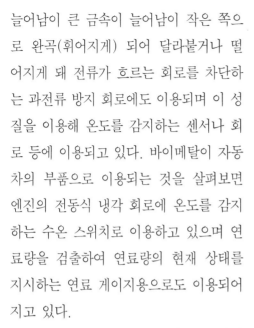

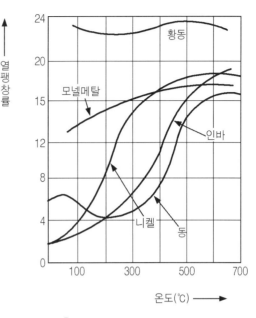

🔺 그림2-8 금속의 열팽창율

재에도 널리 사용되고 있지만 응답 특성이 떨어지고 부식성이 약한 단점을 가지고 있어 정밀한 곳에 이용은 제한적이다. 또한 바이메탈은 열팽창 계수가 큰 이종의 금속을 이용함으로서 전류가 많이 흐르는 전기 회로에 회로 보호용으로도 널리 사용되고 있기도 하다. 표(2-3)은 바이메탈의 재질에 따른 사용 온도를 나타낸 것으로 재질에 따라 사용 온도가 크게 차이가 나는 것을 알 수 있다.

[표2-3] 바이메탈의 종류와 사용온도	
바이메탈	사용온도
동과 니켈	100 ℃
동과 인바	150 ℃
모넬메탈과 니켈	250 ℃

🔺 사진2-5 수온스위치와 수온센서

(2) 바이메탈식 수온 스위치

그림 (2-9)의 (a)은 바이메탈식 수온 스위치의 구조를 나타낸 것으로 바이메탈 리드 끝 부분에 접점을 부착하여 수온 스위치의 설정 온도에 의해 스위치 기능을 하도록 만든 온도 센서이다. 냉각수온의 온도 검출용으로 이용되는 바이메탈은 주로 열 팽창 계수가 큰 청동과 인바를 사용하여 만든 것으로 동작 온도 특성은 그림(2-9)의 (b)에 나타낸 것처럼 140℃ 이하의 범위에서 동작하도록 되어 있다.

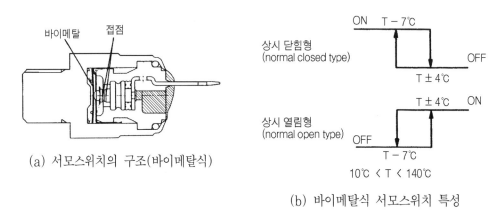

(a) 서모스위치의 구조(바이메탈식)

(b) 바이메탈식 서모스위치 특성

🔺 그림2-9 바이메탈식 서모 스위치

바이메탈식 수온 스위치는 엔진 냉각 회로에 그림 (2-10)과 같이 팬 릴레이 코일과 직렬로 연결되어 엔진의 온도가 상승하면 바이메탈식 서모 스위치(수온 스위치)의 접점은 접촉해 팬 모터의 구동 전류를 흐르게 하고 있다. 바이메탈을 이용한 수온 스위치는 동작 온도에 의한 히스테리시스 값이 커 최근에는 페라이트 자석식 수온 센서나 서미스터를 이용한 수온 센서가 주로 이용되고 있다.

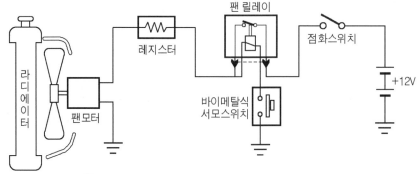

🔺 그림2-10 바이메탈식 스위치를 이용한 냉각장치 회로

 **서미스터를 이용한 센서**

1. 서미스터

[1] 서미스터의 특성

반도체는 일반 금속과 달리 큰 온도 계수를 갖는 게 특징이다. 이를 이용해 전기 회로에서는 온도 보상 회로에 이용하기도 하며 온도 측정용 센서로도 이용하고 있는 것이 서미스터(thermistor) 반도체이다.

그림 (2-11)은 진성 반도체의 에너지 준위를 나타낸 것으로 진성 반도체는 절대 온도 0℃ 시에서 가전자대의 최고 에너지 보다 높은 에너지를 갖는 원자는 존재하지 않으나 온도가 상승하면 열 에너지에 의해 에너지 갭 Ec를 넘어 전도대로 올라가는 전자가 발생하기 시작한다.

이렇게 전도대로 올라간 전자는 전도대를 자유롭게 움직일 수 있으며 한편으로는 전자가 이탈한 가전자 대에는 홀(정공)이 생기게 되는데 이 전자와 홀(정공)은 온도가 상승하면 할수록 증가하게 되어, 반도체는 금속과 달리 온도가 상승하면 고유 저항이 내려가는 현상이 발생하게 되는 특성을 가지게 된다.

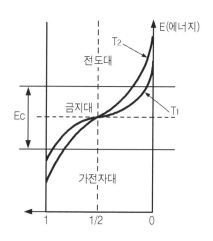

전자의 존재확률($T_2 > T_1 > 0$)

🔺 **그림2-11 진성반도체의 온동에 의한 캐리어 변화**

이와 같이 온도가 올라가면 고유 저항이 감소하는 반도체 서미스터(thermistor)는 온도 검출용이나 회로의 보호용 소자 등으로 이용되고 있다. 자동차의 온도 검출용으로 사용되고 있는 센서로는 엔진의 냉각수 온도를 검출하는 수온 센서, 흡입 공기의 온도를 검출하는 흡기온 센서, 연료의 잔량을 검출하는 연료 잔량 경고 센서, 에어컨의 토출 온도를 검출하는 토출구 온도 검출 센서 등 다양하게 이용되고 있다.

(2) 서미스터의 종류

서미스터(thermistor)는 Thermally Sensitive Resistor의 약자로 금속과 같이 온도가 상승하면 저항값이 증가하는 정특성 서미스터와 반도체와 같이 온도가 상승하면 저항값이 감소하는 부특성을 나타내는 반도체 서미스터가 있다. 서미스터의 기본적인 것은 플라티나(platina)를 이용한 백금형 저항체로 일종의 금속체로서 정특성을 갖고 있는 반면 반도체 서미스터는 부특성을 갖고 있다는 전기적 특성이 있어 온도를 검출용 서미스터는 부특성을 갖고 있는 반도체 서미스터를 주로 이용하고 있다. 이와 같은 온도 특성을 갖는 서미스터의 특성을 살펴보면 표 (2-4)와 같다.

① NTC(Negative Temperature Coefficient)형 : 온도에 따라 저항이 감소하는 부특성 온도 계수형

② PTC(Positive Temperature Coefficient)형 : 온도에 따라 저항이 증가하는 정특성 온도 계수형

③ CRT(Critical Temperature Coefficient)형 : 온도에 따라 저항이 지수 함수적으로 감소하는 임계 온도 계수형

[표2-4] 서미스터의 종류별 특성

종 류	사용온도범위	특성 커브	비 고
NTC 서미스터 (부의 온도 계수)	−50~+400℃		용도 : 온도 측정용, 급속 과전류 방지용 등 소재 : 망간, 니켈, 코발트
PTC 서미스터 (정의 온도 계수)	−50~+150℃		용도 : 온도 스위치용 소재 : 티탄산바륨
CTR 서미스터 (부의 온도 계수)	0~+150℃		용도 : 온도 경보용 소재 : 산화바나듐

이 중 자동차용으로는 주로 NTC형 반도체 서미스터를 사용하며 PTC형 서미스터는 자동 쵸크 등의 발열 소자로 많이 사용되고 있다. 서미스터는 여러 가지 형상으로 만들기 쉽고 그 저항값 또한 수 Ω ~ 수MΩ 범위 까지 만들 수가 있다. 또한 표 (2-4)와 같이 저항 온도 계수가 큰 미소량의 온도 범위도 측정이 가능한 장점을 가지고 있어 서미스터는 온도 측정용이나 회로 보호용으로 폭 넓게 이용되고 있는 소자이다.

■ 2. 서미스터용 센서

[1] 수온 센서

서미스터를 이용한 수온 센서는 페라이트식 서모 스위치(수온 스위치)와 같이 엔진의 과열 방지하기 위해 냉각수의 온도를 감지하는 용도 뿐만 아니라 전자 제어 연료분사 장치에 냉간 시동성을 향상하기 위해 사용되는 냉각 수온 검출용 센서로도 사용되고 있다.

서미스터를 이용한 수온 센서의 구조는 그림 (2-12)의 (a)와 같이 황동제 케이스에 서미스터 소자를 내장하고 연결된 전선을 리드에 연결하여 커넥터로 뽑아낸 구조로 되어 있다. 온도 특성은 그림 (2-12)의 (b)와 같이 온도가 상승하면 수온 센서의 저항값이 감소하는 NTC(부특성 온도 계수)형 특성을 나타내고 있다. NTC(부특성 온도 계수)형 특성을 이용한 수온 센서는 연료 분사 장치에 보정 증량을 하는 공연비 보정값으로 사용 돼 냉각 수온이 낮은 냉간시에는 공연비를 농후하게 하여 엔진의 시동성을 향상하고 엔진의 연소를 안정시킬 수 있게 하고 있는 수온 정보 검출용 센서이다.

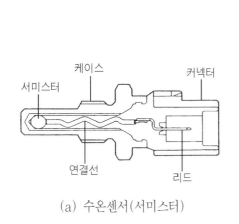

(a) 수온센서(서미스터)

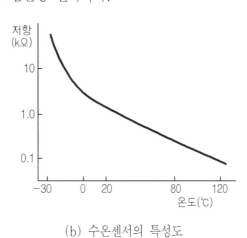

(b) 수온센서의 특성도

🔺 그림2-12 수온센서(서미스터)

냉간시에 엔진의 냉각 수온의 신호가 이상이 발생하면 ECU(엔진 컴퓨터)는 공연비를 목표치 보다 희박 또는 농후하게 제어하게 돼 심한 경우에는 엔진이 부조 현상이나 초기 시동이 곤란한 경우가 발생하기도 한다.

이와 같이 수온 센서는 연료 분사 제어에 중요한 기능을 하는 센서로 냉간시 약 $-20℃$ 에서 난기시 약 $130℃$ 부근 까지 폭 넓게 온도를 감지하고 있어 온도 변화에 대해 저항 값이 크게 변화하도록 만든 NTC형 서미스터를 사용하고 있다.

수온 센서에 의한 고장은 그 다지 많은 편은 아니지만 실제 자동차 정비 현장에서 여러 가지 현상 중 엔진 난기시, 냉간시 공연비 보정으로 점화 플러그가 촉촉하게 젖어 시동이 잘 안 걸리는 사례가 드물게 나타나는 경우도 발생하고 있다.

[2] 수온 센서 점검

수온 센서의 단품을 점검할 때에는 그림 (2-13)의 (a)와 같이 비커에 온도를 가열하여 온도의 변화에 따라 표 (2-5)의 범위에 있는지 확인하는 것이 무엇 보다 정확한 방법이지만 현장에서는 스캔(scan) 장비의 서비스 데이터 값을 통해 간단히 점검하는 것이 일반적이다.

만일 스캔 장비가 없는 경우에는 멀티 테스터를 사용하여 P점의 전압이 온도의 증가에 따라 전압값이 감소하는지를 확인 하는 것도 좋다. 수온 센서의 전압 변화의 범위는 보통 약 1.0V ~ 4.0V 범주이다.

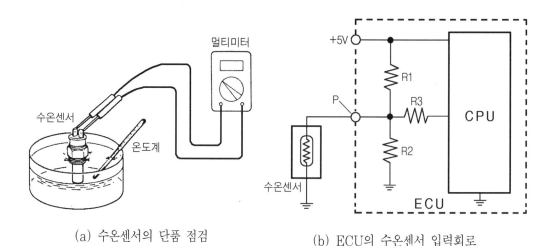

(a) 수온센서의 단품 점검　　　　(b) ECU의 수온센서 입력회로

🔺 그림2-13 수온센서의 점검

차 종	0℃	20℃	40℃	80℃	120℃
[표2-5] 차종별 수온센서의 규격					
베르나	5.9 kΩ	2.5 kΩ	1.1 kΩ	0.3 kΩ	–
아반떼 XD	6.3 kΩ	3.4 kΩ	2.7 kΩ	1.25 kΩ	–
티브론	5.9 kΩ	2.5 kΩ	1.1 kΩ	0.3 kΩ	–
소나타	↓	↓	↓	↓	
SM-5	↓	↓	↓	↓	
EF쏘나타	↓	↓	↓	↓	
투 싼	↓	↓	↓	↓	
그랜저 XG	↓	↓	↓	↓	–
다이너스티	↓	↓	↓	↓	–
에쿠스	↓	↓	↓	↓	

[3] 흡기온 센서

전자 제어 엔진에서 흡기온 센서는 체적 유량을 검출하는 AFS(에어 플로 센서) 센서의 공기 밀도를 보정하기 위해 흡입되는 공기의 온도를 검출하는 센서이다.

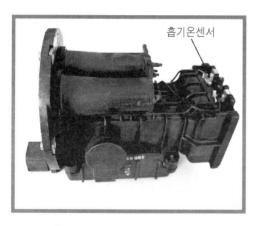

🔺 사진2-6 칼만와류식 AFS센서

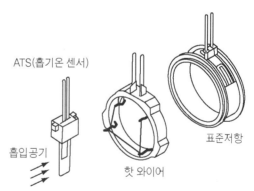

🔺 그림2-14 핫 와이어 AFS센서

흡기온 센서는 사진(2-6)의 칼만 와류식 AFS(에어 플로 센서) 또는 그림(2-14)의 핫-와이어 AFS(에어 플로 센서) 센서와 같이 L-제트로닉 방식(공기 유량을 직접 계측하는 방식)을 사용하는 방식에서는 AFS(Air Flow Sensor) 센서에 흡기온 센서가 내장 된 일체형이 많고 D-제트로닉(공기 유량을 간접 측정하는 방식)에서는 AFS 센서와 별도로 에어-클리너 케이스에 장착하는 것이 있다.

흡기온 센서는 NTC형 서미스터를 이용하고 있으며 흡입된 공기의 온도를 보다 정확히 측정하기 위해 합성수지 제품으로 보호하여 AFS 센서에 부착된 표면 온도에도 영향을 받지 않도록 하고 있다. 이 센서는 보조 증량을 하기 위한 센서로 엔진의 시동성에는 크게 관계가 없지만 흡입 공기량과 엔진 회전수에 의해 결정되는 기본 분사 시

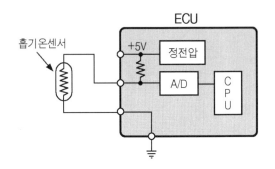

그림2-15 흡기온 센서 회로

간을 보정하는 보정 계수값으로 이용하고 있는 센서이다. 흡기 온도 센서의 출력 신호 정보를 보정 계수값으로 사용하는 이유는 온도에 따라 흡입되는 공기의 밀도가 달라지기 때문이다. 즉 흡기 온도가 냉간시와 난기시 흡입되는 산소의 농도차가 발생하여 정확한 공연비 제어가 불가능하게 되어 그 차이만큼 보정하여 흡기 온도에 의한 공연비가 영향을 받지 않도록 하기 위함이다.

흡기온 센서의 특성도는 그림(2-16)과 같이 부특성 온도 계수를 가지고 있으며 흡기 온 센서의 저항값은 보통 1kΩ ~ 15kΩ 정도이다. 흡기온 센서의 ECU 입력 회로를 살펴보면 그림 (2-17)과 같이 흡기온 센서와 저항 R2가 병렬로 연결되어 있어서 흡기온센서가 만일 단선이 되더라도 내부 저항 R1과 R2 저항에 의해 전압의 분압되어 ECU 내부의 마이컴에 입력되게 된다.

이와 같이 흡기온 센서가 단선이 되어도 최소한 안전 모드로 작동하게 하는 것을 페일 세이프 모드(fail safe mode)라 한다. 여기서 a점의 전압은 옴의 법칙을 이용하여 산출하면 다음과 같이 표시 할 수 있다. a점의 전압 = (R2/R1+R2)×5V 로 표시할 수 있다. 따라서 실제 흡기온 센서가 단선 되더라도 a점의 전압 = (2.2kΩ/2.2kΩ+33kΩ)×5V = 0.31V가 되어 페일 세이프 모드로 들어가게 되는 셈이다. 그러나 흡기온 센서와 같이 보정율이 작은 센서의 경우에는 차량의 주행상에 문제가 되지 않으므로 페일 세이프 모드가 없는 차량이라도 주행상에 문제가 되지 않는다. 흡기온 센서의 사양은 자동차 메이커

의 차종에 따라 다르기 때문에 일일이 기억해 둘 필요는 없지만 실제 점검에 있어서
ECU(엔진 컴퓨터)로 입력되는 몇 가지 전압값은 기억해 두는 것이 편리하다.

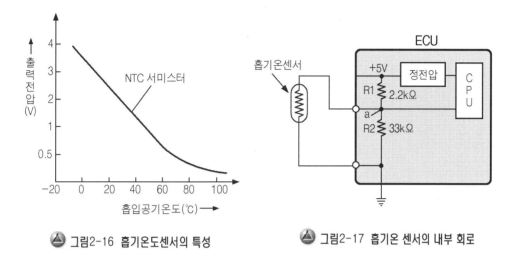

그림2-16 흡기온도센서의 특성   그림2-17 흡기온 센서의 내부 회로

예를 들면 상온시(20℃) 입력되는 전압값은 2.63V 이며 40℃ 일 때에는 약 1.8V가
된다는 것을 미리 기억하고 있다가 점검시 비교하여 이상 판단이 바로 가능하도록 훈련을
하여 두는 것이 좋다. 표(2-6)은 그림(2-18)의 회로에서 흡기온 센서의 저항값에 따라
ECU에 입력되는 전압값을 나타낸 것으로 ECU(엔진 컴퓨터)의 내부 인터페스 회로의
저항 정수값에 따라 달라 질 수 있지만 그 값은 일반적으로 크게 차이는 없다.

[표2-6] 흡기온센서의 입력값(예)						
흡기온도	-20	-10	0	20	40	50
센서저항	15.1	9.39	6	2.64	1.27	0.9
입력전압	4.13	3.84	3.49	2.63	1.78	1.43

※ 단위 : 흡기온도 ℃, 센서저항 kΩ, 입력전압 V

[4] 온도 메터용 수온 센서

온도 메터용으로 사용되는 수온 센서는 냉각 수온 센서와 같이 NTC형 서미스터를 사
용하지만 냉각 수온 센서와 다른 점은 온도에 따른 저항 변화가 작다는 것을 들 수 있다.
그림 (2-19)은 온도 메터용 수온 센서의 회로도를 나타낸 것으로 수온 센서인 서미스터

와 L₁ 코일과는 직렬로 연결되어 있고 L₂ 코일과는 병렬로 연결 되어 있어서 온도가 상승하여 수온 센서의 저항값이 낮아지는 경우는 L₁ 코일로 전류가 많이 흐르게 돼 지침은 L₁ 과 반발력에 의해 우측으로 회전하게 된다. 반대로 온도가 낮아져 수온 센서의 저항값이 높아지는 경우 L₁ 코일로 전류는 그 만큼 적게 흐르게 돼 L₂ 코일에 의해 가동 철편형 지침은 좌측으로 이동하게 된다. 또한 온도 메터는 그림 (2-19)와 같은 가동 철편형 외에 바이 메탈 방식을 사용하는 경우도 있는데 이 방식은 수온 센서와 바이메탈의 히터 코일과 직렬로 연결되어 있어서 수온 센서의 온도에 따른 저항 변화는 바이 메탈의 히터 코일의 량이 변화하므로 바이메탈의 철편이 휨 정도가 지침이 움직이는 값이 된다.

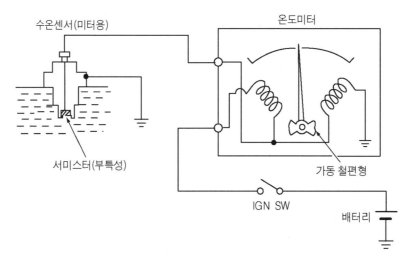

🔺 그림2-18 온도미터 회로

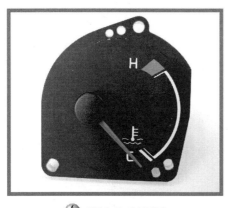

🔺 사진2-7 온도미터

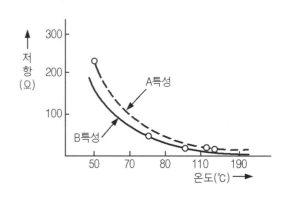

🔺 그림2-19 수온센서 특성(미터용)

[표2-7] 수온센서의 규격						
온 도	40℃	60℃	80℃	100℃	120℃	140℃
저 항	245Ω	116Ω	91Ω	48Ω	29Ω	18Ω

※참고 : 온도 메터용 수온 센서 저항 : 7Ω ~ 310Ω

[표2-8] 온도미터의 지시치 저항값					
메터의 지시치	COOL	(1/4)	(2/4)	(3/4)	(4/4) HOT
센서저항(Ω)	300	100	30	20	10

(5) 연료 잔량 경고등 감지 센서

주행중 탱크 내의 연료가 약 1/10정도 다다르면 계기판에 설치되어 있는 연료 잔량 경고등을 점등시켜 운전자에게 연료 주입을 알려주는 연료 잔량 감지 센서도 온도에 따라 저항값이 변화하는 NTC형 서미스터를 사용하고 있다.

연료 레벨 센더의 끝 부분에(사진 (2-8)의 화살표 부위에) 서미스터 센서가 붙어 있어서 연료가 채워져 있는 상태에서는 연료 잔량을 감지하는 서미스터 센서가 연료에 잠겨져 연료에 의해 온도가 저하한다. 그리고 서미스터의 저항값은 증가하게 돼 경고등에 공급되고 있는 전원은 서미스터의 저항 증가로 전류는 감소하여 연료 잔량 경고등은 소등 상태에 있다가 연료 탱크 내의 연료가 감소하게 된다.

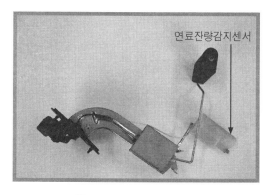

△ 사진2-8 연료 레벨 센더

△ 사진2-9 계기판

연료가 탱크 용량의 약 1/10 정도되면 서미스터 센서는 연료로부터 노출되어 온도가 상승하게 되고 서미스터의 저항값은 감소하게 돼 연료 잔량 경고등을 점등시켜 운전자에게 알려주는 센서이다.

[6] EGR 가스 온도 센서

EGR(Exhaust Gas Recirculstion) 시스템은 배기가스 재순환 장치로 엔진의 배기구에서 배출되는 일부 가스를 흡기측으로 재 순환시켜 흡입 공기(fresh air)와 혼합하여 실린더 내의 연소 온도를 낮추게 되면 섭씨 약 2000℃ 부근에서 급격히 증가 하는 Nox (질소 산화물)을 저감 할 수 있게 하는 장치이다.

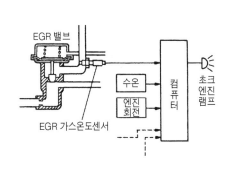

△ 그림2-20 EGR고장진단 시스템 구성도

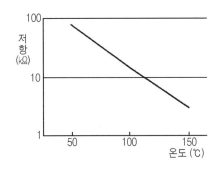

△ 그림2-21 EGR가스온도센서의 특성도

EGR 가스 온도 센서는 그림 (2-20)과 같이 EGR 밸브의 흡기 포트 쪽에 장착되어 EGR 가스 온도를 검출하는 센서로 NTC형 서미스터(온도가 상승하면 저항값이 감소하는 서미스터) 센서이다. EGR 가스 온도 센서의 특성도는 그림 (2-21)에 나타낸 것과 같이 온도에 따라 저항값은 선형적으로 변화하는 것을 볼 수가 있다.

EGR 가스 온도 센서는 감열부의 내열성은 통상 약 500 ℃ 정도로 설계된 제품이 주종을 이루고 있으며 이 센서는 EGR 기능이 작동시 EGR밸브가 작동을 하지 않을 때, 온도 차를 이용해 운전자에 경고등을 통해 EGR 장치의 이상 유무를 알려주는 장치이다.

[7] 배기온 센서

촉매 장치는 인체의 유해 가스인 CO, HC, Nox의 성분을 백금(Pt)이나 로지움(Rh) 등의 촉매제를 사용하여 CO_2, H_2O, O_2, N_2의 성분으로 화학 변화하도록 촉진 시켜 정화하는 장치로 촉매 장치에 이상이 발생하면 유해 배출 가스는 크게 증가하여 대기중으로

배출하게 된다. 따라서 촉매 장치에 과열로 인해 촉매 장치가 손상되는 것을 방지하기 위해 촉매 장치의 온도를 감지하여 촉매의 이상 과열시 계기판에 촉매 과열 경고등을 점등시켜 운전자에게 알려주는 용도로 사용하고 있다.

이 곳에 사용되는 배기온 센서는 500℃ 이상 온도를 감지하는 센서로 고열을 감지 하는데 적합한 열전대형 방식이 주로 사용되지만 자동차 제조사에 따라 서미스터를 이용한 방식도 사용되고 있다. 열전대형은 서미스터와 달리 온도에 따라 기전력이 발생하는 센서이다. 배기온 경고 센서의 회로도는 그림 (2-22)의 (a)와 같이 구성되어 있어 서미스터의 설정 온도 이상 과열되면 배기온 경고등이 점등 되도록 하고 있다. 그림 (2-22)의 특성도는 온도가 상승하면 저항값이 감소하는 NTC형 서미스터를 사용한 배기온 센서의 특성을 나타낸 것이다.

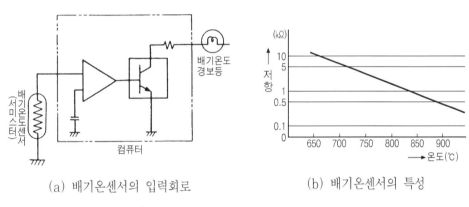

(a) 배기온센서의 입력회로   (b) 배기온센서의 특성

🔺 그림2-22 배기온 센서의 회로와 온도 특성

(8) 증발기 출구온 센서

에어컨용으로 사용되는 온도 센서에는 사진 (2-10)과 같이 에바포레이터(증발기)에 삽입하여 차량의 실내로 불어 들어오는 풍온을 검출하는 증발기 출구온 센서로 일명 핀-스위치라고 하는 센서로 증발기의 동결을 방지하기 위해 섭씨 약 −4℃ 가 되면 증발기 출구온 센서로부터 에어컨 ECU로 신호를 입력하여 컴프레서의 전원을 자동 차단하는 용도로 사용되는 것과 증발기에서 컴프레서로 가는 입구부에 서모 스위치를 설치하여 컴프레서의 작동 효율을 향상시키는 서모 스위치가 있다. 냉매 가스는 외기 온도에 따라 압력이 달라져 이 값을 감안한 외기온 센서 및 차량이 실내 온도를 자동으로 조절하기 위해 감지

하는 실내 온도 센서 등이 사용되고 있다. 차량의 온도를 감지하는 센서는 주로 NTC형 서미스터 센서를 주로 사용하고 있으며 여기에 사용되는 증발기 출구온 센서의 사용 온도 범위는 보통 $-20 \sim 60℃$이다.

🔺 사진2-10 증발기의 출구온 센서

🔺 사진2-11 외기온 센서

[표2-9] 에어컨의 온도와 압력 대비표				
엔진회전수(rpm)	습도(%)	외기온도(℃)	저압 PSI	고압 PSI
1500	60~75	21	15 ~ 16	193 ~ 198
		23	18 ~ 19	213 ~ 218
		27	21 ~ 22	233 ~ 238
		29	25 ~ 26	246 ~ 253
		32	28 ~ 30	259 ~ 267

그림 (2-23)은 에어컨 컴프레서 제어 시스템의 회로도를 나타낸 것으로 온도 검출용 서미스터 센서와 온도 설정용 조종 저항에 의한 2개의 비교 저항값이 비교기(컴페레터)에 입력되어 비교된 입력 신호값은 증폭기에 의해 증폭되어 제어 회로 유닛 내에 내장된 릴레이를 구동하여 컴프레서의 마그네틱 클러치에 전원을 공급하도록 하고 있다.

결국 증발기의 출구온 센서가 검출한 온도에 의해 에어컨 컴프레서 제어 유닛 내의 에어컨 릴레이는 검출된 온도에 따라 ON, OFF 제어를 하게 되어 컴프레서의 마그네틱 클러치를 ON 또는 OFF 제어하도록 하여 증발기의 토출구의 온도를 일정하게 유지 할 수 있도록 하고 있다.

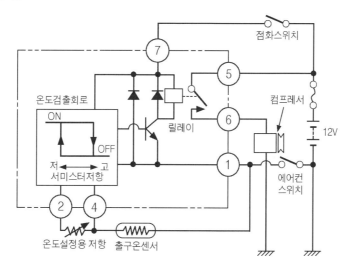

🔺 그림2-23 에어컨 컴프레서 제어 시스템

그림 (2-24)는 차량 실내의 온도를 검출하여 실내의 온도를 일정하게 유지하게 하기 위한 것으로 그 동작 원리는 증발기의 출구온 센서의 제어 방법과 동일하다. 컴프레서의 압력은 엔진 회전수에 따라 달라지므로 입력 신호로는 엔진 회전수를 검출하는 신호를 추가하여 입력하고 있는 것이 다르다.

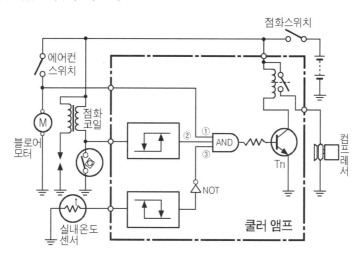

🔺 그림2-24 에어컨 컨트롤 회로

　그림 (2-25)는 설정 온도에 따라 실제 릴레이를 ON, OFF 제어하는 회로로 설정 온도 조정용 저항을 기준 전압값으로 세트하여 서미스터 센서에 의해 검출된 설정 온도에 따라 릴레이를 ON, OFF제어 할 수 있게 되어 있는 온도 조절용 회로이다. 이 회로의 입력단을 살펴보면 브리지 회로로 구성되어 있어서 서미스터의 온도가 낮은 경우에는 A점의 전압이 B점의 전압 보다 크게 되어 릴레이는 OFF상태가 되지만 온도가 상승하면 B점의 전압이 A점 보다 높게 되는 경우에 릴레이는 ON 상태가 되어 온도에 따른 릴레이를 ON, OFF 제어 할 수 있도록 한 회로이다.

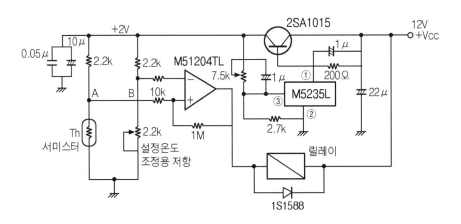

그림2-25 설정 온도에 따른 실제 릴레이 구동회로

[9] 유온 센서

　A/T(자동 변속기)차량에 사용되는 유온 센서는 NTC형 서미스터 센서로 댐퍼 클러치(damper clutch)의 작동영역(오일 온도가 약 70℃이상 일 때)을 제어하는 입력 신호용으로 도 이용이 될 뿐만 아니라 3속 또는 4속으로 장시간 등판 주행시에는 토크-컨버터의 슬립(slip)으로 인해 변속기 내부의 ATF(자동 변속기 오일)의 온도가 상승하게 되며 ATF 오일의 온도가 상승하면 오일의 점도가 낮아져 A/T(자동 변속기)의 문제를 야기 할 수가 있다.

　따라서 3속이나 4속에서 ATF 오일 온도가 약 125℃ 이상이 되면 오토미션의 컴퓨터는 변속 패턴을 바꾸어 주행하도록 명령하게 하는 데에도 유온 센서가 입력 신호로 이용하고 있다.

3. 서미스터의 입력 회로

[1] 서미스터의 기본 연결 회로

그림 (2-26)은 서미스터의 기본 연결 회로를 나타낸 것으로 서미스터 저항을 회로에 연결 할 때 서미스터 단독으로 사용하는 경우는 온도에 의한 저항값 특성이 직선성을 가지고 있지 못하므로 서미스터의 온도 계수에 의한 직선성을 얻기 위해 그림(2-26)과 같이 서미스터의 입력 회로에 여러 가지로 저항을 연결하여 사용하고 있다.

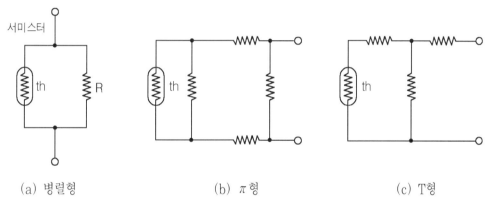

(a) 병렬형   (b) π형   (c) T형

🔺 그림2-26 서미스터의 기본 회로 연결도

그림 (a)와 같은 병렬형 회로는 서미스터 소자에 의한 불균형은 다소 경감 할 수 있지만 넓은 범위에서 직선성을 얻을 수 없어 보다 정밀도를 높이기 위해 비교적 온도 계수는 작아 지지만 그림(b)의 π형이나 그림(c)의 T형을 사용하는 것이 보다 좋은 직선 특성을 얻을 수 있다. 서미스터의 입력 회로에 저항을 연결하여 사용하면 전체의 특성에서 직선성은 얻을 수 있지만 부분적인 직선성은 얻을 수 없는 것이 저항 연결 방식이다. 그러나 비교적 회로가 간단하고 효과적이어서 서미스터의 입력 회로에는 저항 회로를 사용하여 직선성을 얻는 경우가 많다.

[2] 서미스터의 기본 구성 회로

그림 (2-28)의 (a)는 저항을 직렬 연결한 온도 검출 회로와 그림 (b)의 브리지형 연결 방식은 기본적인 온도 검출 회로의 구성도이다.

그림 (a)의 회로는 저항 R과 서미스터가 직렬로 연결한 것으로 그 출력 전압 Eo는 Eo

= { R/(R$_{TH}$ + R) } × Eb로 나타낸다.

이 회로는 간단한 회로 구성으로 전원 전압 변동에 의해 출력 전압이 직접 영향을 받기 때문에 그다지 좋은 회로라 할 수 없다. 그림 (b)인 회로는 저항 브리지 회로의 한변에 서미스터를 연결한 것으로 ⓐ, ⓑ간 출력 전압 Eo는 Eo = { Ra/(R$_{TH}$ + Ra) −Rc/(Rb + Rc)} × Eb로 나타내어진다.

이 회로는 서미스터의 특성상 온도가 낮아지면 저항값은 증가하기 때문에 결국은 브리지 저항 R$_{TH}$와 Ra저항이 증가하게 돼 온도가 낮은 영역에서는 이에 대한 대책이 요구되는 회로이다. 따라서 서미스터 저항 R$_{TH}$와 병렬로 저항 Rp를 연결하여 저항 증가를 다소 억제하고 있기도 하다.

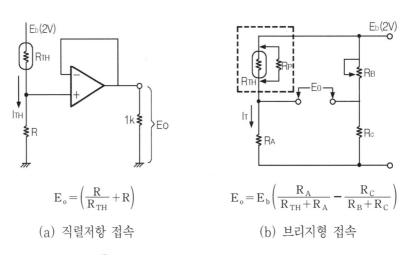

$$E_o = \left(\frac{R}{R_{TH}} + R \right)$$

(a) 직렬저항 접속

$$E_o = E_b \left(\frac{R_A}{R_{TH} + R_A} - \frac{R_C}{R_B + R_C} \right)$$

(b) 브리지형 접속

⚠ 그림2-27 온도 검출회로의 기본 구성 회로

03

압력을
감지하는 셴서

3 CHAPTER

압력을 감지하는 센서

압력 센서의 종류

1. 자동차용 압력 센서의 종류

기체, 액체, 고체의 압력을 검출하는 센서는 물질 간에 힘이 작용하는 압력차를 검출하는 것을 말하며 이 압력을 측정하는 데는 일반적으로 대기압 보다 높은 압력을 측정하는 압력계와 대기압 보다 낮은 압력을 측정하는 진공계가 있다.

여기서 압력이란 두 물체 사이에 접촉면이나 두 부분을 미는 힘을 말하는 데 이것을 일반적으로 단위 면적당 작용하는 힘의 정도로 나타내고 있기도 하다. 이와 같이 두 물체사이에 작용하는 압력은 자동차를 예를 들어보면 흡기 계통과 같은 기체 압력이나 연료 라인과 같은 액체 압력을 예를 들 수 있다. 이러한 압력을 검출하는 압력 센서의 방식으로부터 그 종류를 구분하여 보면 부르돈(bourdon)관형, 벨로즈(bellows)형, 다이어프램(diaphragm)형으로 구분 할 수 있다.

여기서 표 (3-1)과 같이 다이어프램 방식은 벨로즈형 방식과 압력 범위는 거의 비슷하지만 제조상 만들기가 쉬워 소형화 할 수 있다는 장점이 있다.

브르돈 튜브(bourdon tube)형은 기구적으로 탄력이 있는 금속판을 원형으로 만들어 튜브(관) 끝을 밀봉하여 고정한 끝을 통해 압력을 가하면 튜브(관)이 신장하거나 수축하는 구조로 되어 있는 방식으로 주로 압력이 큰 곳에 사용한다. 이에 반해 벨로즈(bellows)형은 주름 상자형 안에 압력이 가해지면 신장하거 수축하는 것을 이용하는 방식이다.

[표3-1] 압력센서의 검출 범위		
압력센서	압력의 검출 범위	비 고
부르동관	0.1 ~ 2000 kg/cm²	• 구조가 간단하다 • 큰 압력용이다. • 소형화가 어렵다
벨로즈	수 kg/cm² ~ 수십 kg/cm²	• 변위량이 크게 된다. • 소형화가 어렵다
다이어프램	수 kg/cm² ~ 수십 kg/cm²	• 작은 압력용이다. • 소형화가 용이하다

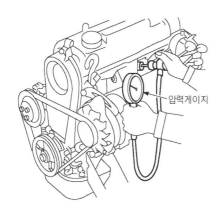

🔺 그림3-1 가솔린엔진 압측압력 측정

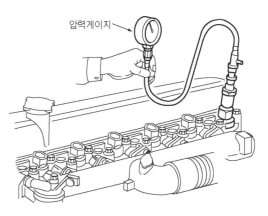

🔺 그림3-2 디젤엔진의 압력 측정

그 밖에 압력 센서로 이용하는 것 중에는 스트레인 게이지(왜형계)를 이용한 로드 셀이 사용되며, 티탄산바륨이나 로셀염 등을 이용한 압전 소자 방식을 예를 들 수 있다.

압전 소자는 압력을 측정하는 센서로서뿐만 아니라 기계적인 진동을 감지하는 센서로 널리 사용되는 센서로 자동차에서는 노크-센서를 예를 들 수 있다. 또한 다이어프램 방식은 원형판에 압력이 가해지면 이 압력이 스트레인 게이지(strain gauge)나

🔺 사진3-1 커먼레일 압력센서

압전 소자에 의해 발생된 압력 신호를 하이브리드 IC를 통해 증폭을 하는 구조로 되어 있는 확산형 반도체 압력 센서와 다이어프램에 기계적인 압력이 가해지는 박막형 압력 센서가 있다. 다이어프램에 기계적인 압력이 가해지는 박막형 압력 센서는 자동차의 기체 및 액체의 압력을 감지하는 데 널리 사용되고 있기도 하다.

> ★ **반도체 스트레인 게이지**(strain gauge)
> 반도체의 특성을 이용한 것으로 반도체에 응력이 발생하면 반도체의 전기 저항이 변화하는 것을 이용한 것으로 여기서 사용되는 반도체 필름은 고유 저항 계수가 큰 것을 사용하고, 보다 정확한 측정값을 얻기 위해 브리지(bridge)회로를 구성하여 검출된 신호는 일그러짐이 적은 OP-AMP(연산 증폭기)를 통해 증폭하도록 하고 있다.
> 또한 압력 센서의 크기를 최소화하기 위해 압력을 검출하는 반도체 센서와 증폭 회로를 일체화하기 위해 하이브리드 IC화 하여 사용하는 경우가 많다.

2. 대기의 압력

절대압이라는 것은 진공을 제로(0)로 보았을 때의 압력으로 절대압을 사용하는 이유는 대기압은 해안이나 산악지역 등 지역에 따라 달라지고 기후에 따라서도 달라지기 때문에 지역이나 기후에 영향을 받지 않는 대기압을 사용하는 압력을 말한다.

대기압이라는 것은 공기층이 지상에 있는 물체를 누르는 압력으로 이 압력을 나타내는 단위는 수은주의 높이를 기준으로 한 (mmHg)나 아틈(atm), 바(bar)의 단위 들을 사용하여 왔다.

🔺 그림3-3 압력게이지

예를 들면 대기압의 단위는 그 동안 MKS 단위계인 kg/㎠ 사용하여 왔지만 우리가 살고 있는 지구상의 대기의 압력은 언제나 변화하고 있고 그 중심의 압력은 980mb(미리-바) 정도이다. 이것은 1 kg/㎠ 에 가깝지만 편리한 단위는 아니다. 따라서 현재는 대기압의 단위로 hp(hecto-pascal : 헥토-파스칼)의 단위를 사용하고 있다.

1 N(뉴턴)은 질량 1kg를 1 m/s² 의 가속도를 발생 시킬 수 있는 힘을 말하며 1 kg =

9.8N(뉴턴), 1(N. m) = 1(J)에 해당한다. 즉 10 kg의 무게를 들어 올리는 데는 98 N 의 힘이 필요하게 된다. 현재 hp(헥토-파스칼)을 토대로 한 파스칼의 단위는 1 N/㎡으로 이것을 1 kg/㎠ 에 비교하면 힘은 약 1/10배, 면적은 1/10,000배의 차이가 나게 되므로 P(파스칼)를 단위로 사용하는 것은 너무 작기 때문에 이것에 1000배인 kpa(키로-파스 칼)의 단위를 사용하여 나타내고 있다. 여기에 사용하는 파스칼의 단위는 프랑스의 수학 자의 이름을 따서 붙인 것이며 (atm)은 영어의 atmosphere의 약자이다. 1 (mm bar) 와 헥토-파스칼의 관계 : 1(hp) = 1(mm bar)로 표 (3-2)와 같이 1기압은 1013(hp) = 1013(mm bar)가 된다.

[표3-2] 압력 단위 환산표

kgf/cm²	bar	KPa	mmHg	mmAq
1	0.9807	98.07	735.6	10,000
1.02	1	100	750	10.197
0.0103	0.01	1	7.5	102

2 다이어프램을 이용한 센서

1. 기계식 압력 센서

[1] 진공 스위치

여기서 사용하는 진공 스위치는 에어-클리너의 막힘을 감지하는 센서로 주로 카브레터 사양 차에 사용되는 센서이다. 이 진공 스위치(vacuum switch)의 구조는 그림 (3-4)와 같이 A실과 B실로 나누어져 있고 A 포트 쪽은 대기압이 B포트 쪽은 진공이 작용하여 대 기압과 진공이 압력차에 의해 다이어프램을 누르는 구조로 되어 있다. 또 진공 스위치의 중앙에는 리드 스위치(reed switch)를 삽입하여 다이어프램이 압력차에 의해 눌러지면 다이어프램은 원통형 자석과 연결 되어 있어서 자석이 아래 방향으로 이동을 하면 리드 스위치의 접점은 ON상태로 되는 구조를 갖고 있다. 즉 압력이 A > B이면 B실의 부압에 의해 자석이 아래로 이동하게 되어 리드 스위치의 접점은 ON상태로 된다.

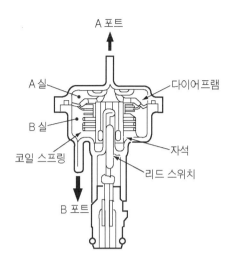

그림3-4 다이어프램식 진공 스위치(리드 스위치)

그림 (3-5)는 엔진의 흡기 측에 진공 스위치를 설치한 구성도로 에어-클리너가 막히게 되면 B포트 측에는 부압이 작용하게 되어 압력차에 의해 다이어프램은 아래로 이동하여 진공 스위치는 ON이 되므로 경고등은 점등 된다. 따라서 경고등이 점등되면 운전자에 에어-클리너가 막힘을 알 수 있게 하는 장치이다. 이와 같이 에어-클리너의 압력을 검출하는 센서로 진공 스위치(진공 센서)를 사용하고 있다. 그림 (3-6)의 진공 스위치의 작동 압력에 의한 특성도이다.

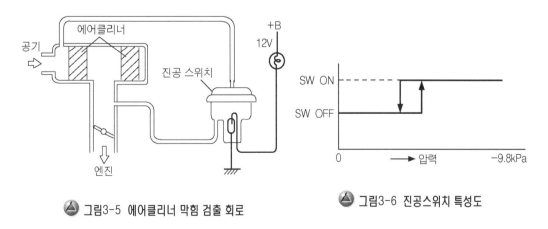

그림3-5 에어클리너 막힘 검출 회로   그림3-6 진공스위치 특성도

에어-클리너의 막힘을 검출하는 센서에는 그림(3-7)과 같이 다이어프램에 연결 링을 끼워 다이어프램의 신장 및 수측에 의해 접점이 ON, OFF되는 형식으로 흡기관의 부압에

의해 다이어프램이 움직이는 구조로 되어 있다. 흡기관 내에는 어느 정도 흡기 맥동이 발생하지만 이 센서는 흡기관 맥동을 고려하여 일정압 이상의 부압이 걸릴 때 작동하도록 하는 센서이다.

그림(3-8)은 그 동작 특성을 나타낸 특성도이다.

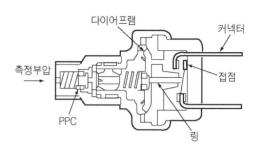

🔺 그림3-7 에어클리너 막힘 검출센서

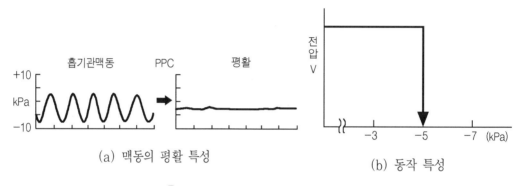

(a) 맥동의 평활 특성

(b) 동작 특성

🔺 그림3-8 에어클리너 막힘센서의 특성

[2] 오일 압력 스위치

오일 압력 스위치는 구조는 그림(3-9)에 나타낸 것과 같이 압력이 가해지면 스프링 힘에 의해 다이어프램을 눌러 접점은 ON 상태로 되어 있다가 외부의 압력이 가해지면 다이어프램을 눌러 스프링 힘을 밀치게 되어 접점은 OFF 상태로 되는 구조를 가지고 있다.

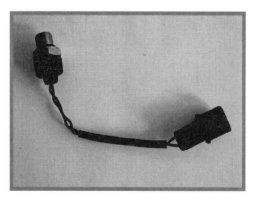

🔺 사진3-2 오일 압력 스위치

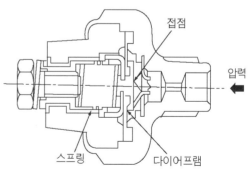

🔺 그림3-9 오일 압력 스위치

이 오일 압력 스위치(오일 압력 센서)는 사진(3-3)과 같이 실린더 블록에 설치되어 엔진이 시동 전에는 실린더 내의 유압 형성이 되어 있지 않아 오일 압력 스위치의 내부 스프링 힘에 의해 접점 스위치는 노말 ON 상태로 되어 있다.

점화 스위치를 ON시키면 계기판에는 오일 압력 경고등이 점등되고 시동이 걸리면 실린더 내에 오일 압력이 작용하여 오일 압력 스위치의 내부 다이어프램을 눌러 스프링 힘을 밀치면 오일 압력 스위치의 접점은 OFF로 되어 계기판의 경고등은 소등되도록 하는 기능을 가지고 있다.

그림(2-10)은 오일 압력 스위치의 그 특성도를 나타낸 것이다.

사진3-3 장착된 오일 압력스위치

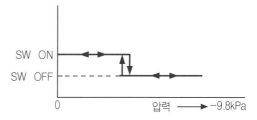

그림3-10 오일 압력스위치 특성도

[3] 진공 센서

진공 센서 중에는 압력 변화를 전압으로 변환하기 위해 벨로즈(bellows)형의 감지부를 이용하고 압력을 전압으로 변환하기 위해 차동 트랜스를 사용한 센서를 벨로즈형 차동트랜스 방식의 진공 센서이다.

이 센서의 구조는 그림 (2-11)과 같이 중앙에 벨로즈를 설치하고 좌측에는 대기압이 우측에는 진공이 되게 하여 대기압과 진공의 압력 차에 의해 벨로즈는 수축 및 팽창을 하는 구조로 되어 있다. 그리고 그 축에는 코아가 벨로즈와 연동하여 움직이게 되어 있어서 차동 트랜스의 전위는 변화하게 되어 있는 구조이다. 차동 트랜스는 그 내부에 1차 코일과 2차 코일을 감아 놓고 벨로즈와 연결된 코어가 움직이면 코일의 인덕턴스가 변화하여

1차 코일과 2차 코일에는 전압이 변화한다. 이 변화의 크기는 코아의 움직이는 거리에 비례하여 전압이 변화하도록 되어 있어 압력을 검출하고 있다.

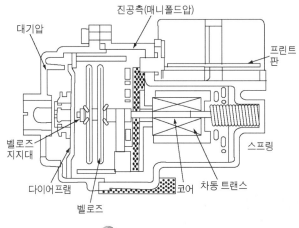

그림3-11 진공센서의 구조

2. 반도체식 압력 센서

(1) 오일 압력 센서

사진3-4 오일 압력 센서

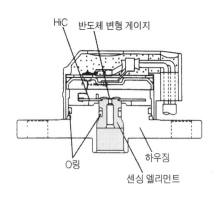

그림3-12 오일 압력 센서의 구조

여기에 사용하는 오일 압력 센서는 그림 (3-13)과 같이 브레이크 시스템인 유압 배력 장치(hydro-booster)의 유압을 제어하기 위해 어큐뮬레이터의 압력을 검출하여 압력 펌프의 구동을 ON, OFF 제어 하고 있는 시스템에 이용하고 있다.

그림 (3-12)는 오일 압력 센서의 구조를 나타낸 것으로 반도체 왜형 게이지와 금속 다이어프램으로 구성되어 있으며 작동 원리는 어큐뮬레이터의 압력을 검출한 다이어프램은 반도체 왜형 게이지를 통해 그림(3-14)와 같이 전압 신호로 출력하도록 되어 있다.

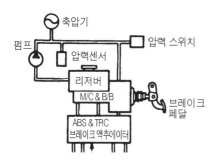

그림3-13 하이드로 부스트 액추에이터

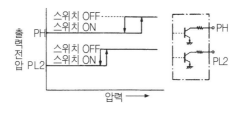

그림3-14 오일 압력 센서의 특성도

★ **피에조 저항 효과** : 반도체 왜형 게이지는 반도체의 피에조 저항 효과를 이용한 것으로 예를 들면 SiO_2 (수정)은 실리콘과 산소의 원자가 각각 +, − 이온이 되어 쿨롱의 힘에 의해 평형이 되도록 결합 되어 있다가 외부에 응력이나 신장력의 힘을 어떠한 방향으로 받게 되면 +, − 이온이 분극 하게 돼 물체의 저항 값이 다르게 되는 것을 이용한 것이다. 결국은 피에조 저항 효과란 반도체의 응력이나 신장력 어떠한 방향으로 작용하였을 때 반도체의 길이, 면적이 변화하게 돼 저항값이 변화하는 특성을 말한다. 실제 반도체 왜형 게이지는 그림 (3-16)과 같이 브릿형으로 만드는 것이 많은데 이것은 반도체의 피에조 저항값이 직선성을 띠지 않기 때문으로 반도체의 확산 저항만을 떼어 놓고 보면 그림 (3-15)과 같다. 이러한 브리지 회로의 출력 전압은 R_2 양단에 걸리는 전압과 R_4 양단에 걸리는 전압의 차로서 나타낼 수가 있다.

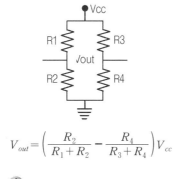

$$V_{out} = \left(\frac{R_2}{R_1 + R_2} - \frac{R_4}{R_3 + R_4} \right) V_{cc}$$

그림3-15 브리지 회로 출력 전압

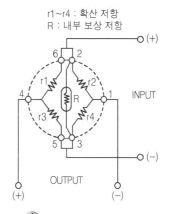

그림3-16 반도체 왜형게이지

★ **압전기** : 수정이나, 전기석, 로셀염, 티탄산바륨 등의 결정에 기계적인 힘을 가하면 결정면에 전하의 분극 현상이 일어나는데 이 현상을 압전기(piezo electricity)의 직접 효과라 하며 이와 반대로 결정체를 전계 중에 둔 때 왜력(일그러짐)이 생기는 현상을 압전기 역효과라 한다.

이와 같은 효과는 압전 소자의 결정체에만 나타나는 현상으로 방향성을 가지고 있다. 즉 외부의 힘에 의해 분극이 발생 될 때 방향성을 가지고 있다는 것으로 외부의 힘과 분극 현상이 동일 방향으로 나타나는 것을 압전 종효과라 하며 외부의 힘과 분극 현상이 서로 직각으로 나타나는 것을 압전 횡효과라 한다.

압전기의 직접 효과는 압력을 측정하는 데 이용하며 압력이 크고 급격한 변화가 있는 곳에서는 수정이 사람의 음성과 같이 미약한 신호를 검출하는 곳에서는 티탄산바륨이나 로셀염이 주로 이용된다.

★ **반도체 저항** : 반도체의 고유 저항은 서로 다른 불순물 반도체 접합된 PN접합 반도체나 화합물 반도체인 경우는 측정하는 장비에 따라 저항치 가 크게 차이가 난다. 이것은 반도체의 접합면 에너지 준위가 서로 다르기 때문으로 반도체의 고유 저항을 표현 할 때는 단결정 반도체, 단일 반도체를 제외하고는 벌크-저항(bulk resistance)라고 표현하는 것이 올바른 표현이다.

(2) 연료 탱크 압력 센서

연료 탱크 내에서 발생 되는 증발가스 중 HC(탄화수소)가 대기 중으로 방출되는 것을 방지하기 위해 캐니스터를 통해 흡착시키고 있지만 OBD-Ⅱ의 규정을 만족하기 위해 대기압과 연료 탱크 내의 압력의 차를 검출하는 센서로 이용하고 있다.

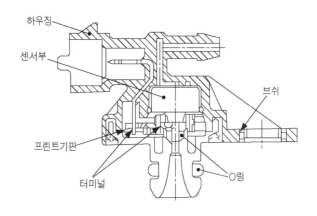

🔺 **그림3-17 연료탱크 압력센서의 구조**

그림 (3-17)은 연료 탱크 압력 센서의 구조를 나타낸 것으로 센서부는 그 중앙에 설치되어 연료 탱크 내의 압력은 센서의 도입구를 통해 유입된 압력과 센서의 상단부에 대기압 포트로 유입된 압력의 차에 의해 센서부는 전압 레벨로 변환하게 되어 있다. 이렇게 측정된 압력 정보는 퍼지 컨트롤(purge control)의 수행 여부를 판단하는 정보로 활용하게 되며 연료 탱크와 흡기 포트 사이의 연결 부위의 누설 유무를 감지하게 된다.

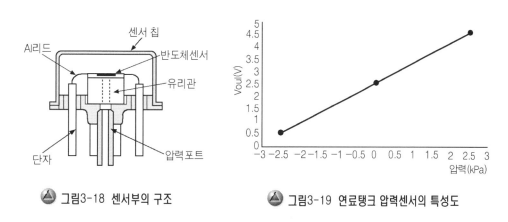

▲ 그림3-18 센서부의 구조   ▲ 그림3-19 연료탱크 압력센서의 특성도

[3] 절대압력 고압 센서

절대 압력형 고압 센서는 액티브-서스펜션(active suspension)의 유압 회로에 압력을 검출하는 센서로 사용되고 있으며 센서의 내부에는 증폭회로와 온도 보상 회로가 하이브리드 IC화시켜 내장하고 압력을 접하는 감지부에는 스테인리스-프레임을 사용하여 고압을 감지할 수 있도록 만들어 놓은 것이다.

그 구조를 살펴보면 그림 (3-20)과 같이 내부에는 실리콘을 가공한 박막-다이어프램 부에 확산 저항을 심어 놓은 반도체 센서를 사용하고 있다.

액티브-서스펜션은 차량의 감쇄력 및 주행 자세를 항상 감지하여 ECU(전자제어현가장치 컴퓨터)에 미리 설정된 데이터를 토대로 각각의 4륜의 현가장치를 유압으로 제어하는 시스템

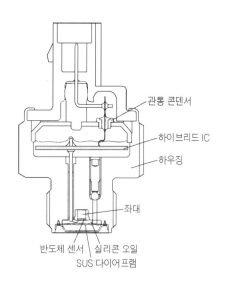

▲ 그림3-20 다이어프램식 절대압력 센서

으로 이 유압 회로에 압력을 감지하는 센서로 절대 압력형 고압 센서를 사용하고 있기도
하다.

[4] 상대압력 고압 센서

상대 압력형 고압 센서는 에어컨 냉매 가스의 압력을 검출하는 곳에 사용되고 있으며
센서의 내부에는 증폭 회로와 온도 보상 회로를 하이브리드 IC화 하여 내장하고 있는 센
서이다.

🔺 사진3-4 에어컨 압력센서   🔺 사진3-5 컴프레서에 부착 압력스위치

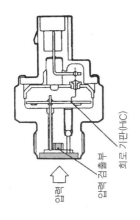

🔺 그림3-21 상대압형 고압센서의 구조

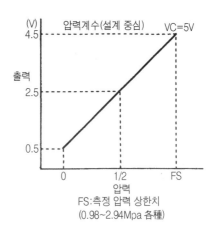

🔺 그림3-22 상대압형 고압센서 특성도

이 센서의 구조는 그림 (3-21)과 같이 실리콘 반도체를 가공한 얇은 다이어프램에 확
산 저항을 형성하고 증폭 회로와 온도 보상회로를 하이브리드 IC에 내장하여 센서부를 만

들어 사용하고 있다. 이 센서의 동작 원리는 반도체 왜형 게이지와 마찬가지로 실리콘 반도체에 압력이 작용하면 전기 저항이 변화하는 피에조 저항 효과를 이용하고 있다. 여기에 사용하는 상대압형 고압 센서는 에어컨의 고압측에 설치하여 냉매 가스의 압력을 검출하여 컴프레서의 마그네틱 스위치를 ON, OFF 제어 하므로 냉매 시스템의 적정 압력이 유지되도록 제어하고 있다.

[5] MAP 센서

MAP(Manifold Absoluted Pressure)센서는 전자 제어 연료 분사 시스템의 흡기관 압력(절대압)을 검출하고 검출된 압력을 전기 신호로 변환하여 ECU(컴퓨터)의 입력 신호로 사용하고 있는 센서로 그 구조는 그림 (3-24)와 같다.

사진3-6 MAP센서

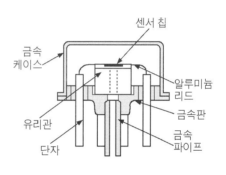

그림3-23 반도체 압력센서

사진3-7 장착된 MAP센서

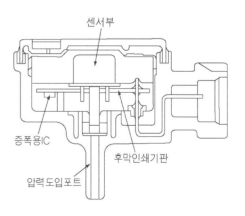

그림3-24 반도체 압력센서 구조

　실리콘을 가공한 엷은 다이어프램 부에 확산 저항을 그림 (3-25)와 같이 브리지 형으로 형성하고 진공을 유지한 센서의 내부에는 실리콘 튜브를 부착하고 그 한쪽 면에는 흡기관 압력이 작용하는 구조로 되어 있다. 동작 원리는 압력 도입 포트를 통해 흡기관 압력이 작용하면 실리콘 튜브는 진공실과 압력차에 의해 응역을 받아 확산 저항을 변화 시키고 있다. 즉 압력차 만큼 확산 저항값이 변화하여 이 변화된 저항값을 전압으로 변환하여 ECU의 입력 신호로 사용하게 되는 것이다. 압력차에 의해 변화된 확산 저항 값은 대단히 작기 때문에 이 신호를 증폭을 하여야 할 문제가 따른다. 따라서 OP-AMP(연산 증폭기)를 통해 직류 증폭을 하고 이 값을 ECU의 입력 값으로 사용하고 있다.

　센서부의 크기는 약 3~4mm정도이며 감지부의 다이어프램의 두께는 약 $30\mu m$ 정도로 미세 압력에 의해서도 변위하게 되어 있다. 그림 (3-26)은 센서의 출력 전압 특성을 나타낸 것으로 압력에 따라 직선성을 가지고 있다.

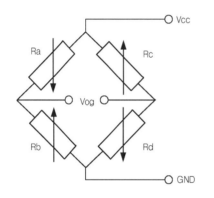

🔺 그림3-25 반도체 센서 저항

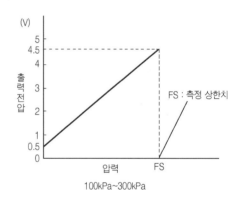

🔺 그림3-26 반도체 압력센서의 특성도

🔺 사진3-8 MAP센서

🔺 사진3-9 진공핸드 펌프

이렇게 확산 저항값의 변화를 증폭하고 센서 내부에 내장하기 위해서는 센서부와 증폭부의 일체화(하이브리드 IC화)하여 MAP센서에 내장하고 있다.

전자 제어 엔진에서 연료 분사량 제어의 기본이 되는 정보가 흡입 공기량과 엔진 회전수이므로 흡입 공기량을 간접 측정하는 MAP 센서방식 일지라도 AFS(Air Flow Sensor)와 마찬가지로 연료의 기본 분사량을 결정하는 중요한 입력 정보로 사용되어 진다. 따라서 만일 MAP 센서에 이상이 생기면 시동 곤란이나 엔진의 부조 현상을 나타낼 수 있는 중요한 센서 중의 하나이다. 이와 같은 센서의 점검 방법은 MAP 센서의 흡기 도입관을 떼어 사진(3-10)과 같은 핸드 진공 펌프를 사용하여 전압을 측정하여 메이커가 만든 규정치에 있는지 확인한다.

[표3-3] MAP센서의 측정치		
	전 압	비 고
대기개방	3.60V	
-100mmHg	3.25V	
-200mmHg	2.82V	
-300mmHg	2.39V	점화 SW에서 측정
-400mmHg	1.97V	
-500mmHg	1.58V	
-600mmHg	1.18V	

▲ 사진3-10 MAP센서

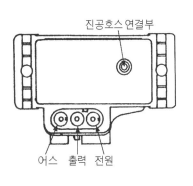

진공호스 연결부

어스 출력 전원

▲ 그림3-27 MAP센서의 단자

사진 (3-10)에 나타낸 MAP센서는 흡기관 측에 직접 접속하지 않고 비교적 열이 적게 나는 부위에 호스를 연결하여 사용하는 형식의 MAP 센서 방식으로 이 센서에 사용되는 센서부는 반도체 압전 소자를 이용한 센서로 그 구조와 동작 원리는 그림 (3-24)와 같은 방식의 센서이다.

이와 같은 MAP 센서의 점검은 먼저 점화 스위치를 ON상태에서 흡기관측에 연결된 호스를 제거하여 대기압 상태에서 출력 전압 확인하여 약 3.3V~ 3.9V 정도가 되는지 확인하고 이상이 없으면 그림 (3-28)과 같이 핸드 진공 게이지를 연결하여 부압을 걸었을 때 각 부압에 따라 전압값이 메이커가 정한 규정치(센서의 사양값) 범위에 있는지를 확인한다.

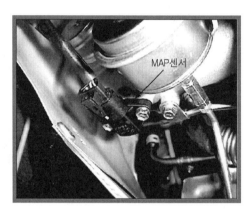

▲ 사진3-11 장착된 MAP센서

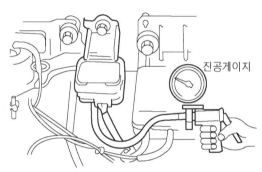

▲ 그림3-28 MAP센서 점검

[6] 과급압 센서

과급압 센서는 터보-차저 사양차에 적용되는 센서로 과급압을 검출하여 연료 분사량의 보정 및 과급압 제어를 목적으로 사용하고 있다.

이 센서는 반도체 압력 센서와 마찬가지로 얇은 다이어프램 부에 확산 저항을 형성하여 만든 것으로 감지부의 저항 변화를 센서부에 의해 전압으로 변환하여 출력하고 있다. 또한 최근에는 이와 같은 과급압 센서를 입력으로 하여 터보 메터를 작동시키기 위해 사용되는 차량도 있다.

[7] 브레이크 부스터 압력 센서

브레이크 부스터 내의 압력을 감지하며 브레이크에 필요한 부압이 규정값 이하로 저하하면 스로틀 밸브를 닫아 부압을 확보하도록 하는 데 사용하고 있는 센서이다.

> ★ 1기압과 바(bar)의 관계 : 760 (mm Hg) = 1.013 (bar) = 1013 (mm bar)
> ★ 1 바(bar)와 기압과의 관계 : 1 (bar) = 750(mm Hg) = 0.987 기압

■ 3. 압력 센서의 회로

[1] 압력 센서회로의 바이어스법

압력 센서의 센서부의 저항분을 전압원으로 변환하기 위해서는 별도의 회로가 필요하게 되는데 반도체 소자는 큰 온도 계수를 가지고 있어 이에 따른 전압 및 전류는 항상 일정하게 유지하여야 회로는 안정하게 동작 할 수 있다. 따라서 센서의 회로를 구동하기 위해서는 정전압 바이어스 방법과 정전류 바이어스 방법이 있는데 일반적으로 정전류 온도 계수를 많이 사용하고 있다.

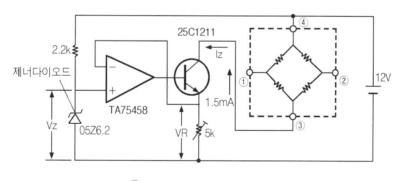

🔺 그림3-29 압력센서의 회로도

그림 (3-29) 회로는 압력 센서의 정전류 바이어스 회로도를 나타낸 것으로 여기서 사용하는 TR은 센서부의 전류값을 증폭하는 전류 증폭용으로 사용하고 있고 OP-AMP(연산 증폭기)는 직류 전압을 증폭하기 위해 사용하고 있다. 회로의 동작을 살펴보면 먼저 제너 다이오드에 의해 만들어진 제너 전압 Vz은 항상 일정하므로 기준 전압이 설정되고

이 전압은 버퍼(buffer)로 사용된 OP-AMP에 의해 증폭된 전압은 Rad 저항에 걸리는 전압과 거의 같아지므로 결국 Vz ≒ VR과 같아 출력 회로에 흐르는 전류는 Iz=Vz/Rad로 주어지게 된다. 이 경우 제너 전압 Vz는 일정하기 때문에 출력 전류 Iz는 결국 Rad에 의존하게 되는 셈이 된다. 따라서 Rad저항을 일정하게 하면 출력 전류 Iz는 일정하게 되므로 조정 저항 Rad를 일정하게 하면 출력 전류 값은 일정하게 얻을 수가 있다. 이와 같이 출력 전류가 일정하게 유지되면 센서부인 확산 저항값에 흐르는 전류를 일정하게 바이어스 할 수 있기 때문에 이와 같은 회로의 바이어스 방법을 정전류 바이어스라 한다.

🔺 사진3-12 압력센서의 내부 회로(HIC)

 하중을 감지하는 센서

■ 1. 압전 효과를 이용한 하중 센서

압전 효과를 이용한 하중 센서는 납(Pb), 지르코니아늄(Zr), 티탄(Ti)을 주성분으로 만든 세라믹 소자로 외부로부터 힘을 가하면 전하를 발생하는 것을 이용한 소자이다.

그림 (3-30)은 피에조 하중 센서의 구조를 나타낸 것으로 쇽업소버(shock absorber)의 로드(rod) 내에 내장되어 감쇄력을 감지하는 센서로 노면의 요철 상태를 검출하고 있다. 이 센서는 노면에 갑작스러운 요철 부위를 만나면 순간적으로 감쇄력이 급격히 증가하는 것을 감쇄력 기준 신호로 하여 피에조 하중 센서에서 감지된 신호를 전자 제어 현가장치의 ECS ECU(전자 제어 현가장치 컴퓨터)에 입력하면 컴퓨터는 감쇄력 변화율 산출하여 감쇄력이 기준치를 초과하는 경우는 감쇄력을 소프트 모드(soft mode)로 전환한다. 이 소프트 모드로 들어가는 시간은 충격을 억제하는 최소한의 필요 시간으로 조향성, 안정성에 손실이 일어나지 않도록 하고 있다.

감쇄력 전환 판정을 하는 것은 노면의 상태에 따라 변화시켜 평탄한 도로에서는 약간의 요철에도 민감하게 반응하게 하고 거친 노면에서는 소프트 모드(soft mode)로 들어가기 어렵게 하여 조향성 및 승차감을 최적의 상태로 조절하도록 하고 있다.

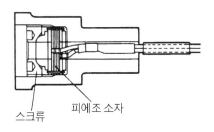

🔺 그림3-30 피에조 하중센서의 구조

그림 (3-31)은 피에조 하중 센서의 회로도를 간략하게 나타낸 구성도를 나타낸 것으로 압전 세라믹 소자에 의해 검출 된 감쇄력 신호(하중 변화율 신호)는 전기 신호로 변환되어 적분 회로를 통해 출력 하도록 하고 있다. 이렇게 출력 된 신호는 전자 제어 현가장치의 감쇄력 신호로 그림 (3-32)와 같이 출력되어 컴퓨터에 입력된다.

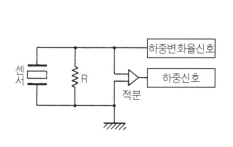

🔺 그림3-31 피에조 하중센서의 구성도

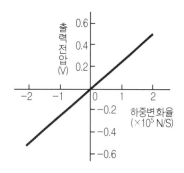

🔺 그림3-32 피에조 하중센서의 특성

피에조 하중 센서의 특성에서 하중 변화율의 단위는 뉴턴 퍼 세크(newton per sec)로 1뉴턴은 1(kg)의 질량을 가진 물체에 힘을 작용하여 이때 발생하는 가속도가 1(m/s²)의 힘이 작용하게 하는 힘을 나타내는 단위이다.

04

공기유량을
감지하는 센서

4 CHAPTER

공기유량을 감지하는 센서

 **공기유량 센서의 종류**

1. 공기유량 센서의 구분

유량을 검출하는 자동차용 센서는 액체를 검출하는 액체 유량 검출 센서와 기체를 검출하는 기체 유량 검출 센서가 있지만 여기서는 전자 엔진에 사용되어지는 흡입 공기량을 검출하는 센서에 대해 살펴보도록 하겠다. 전자 제어 엔진에서 흡입 공기량을 검출하는 센서의 정보는 최적의 이론 공연비를 제어하기 위해 공연비 제어 입력 정보 값으로 이용되는 중요한 센서 중의 하나이다. 이 센서의 입력 정보 값은 연료 분사량을 결정하는 기본적인 정보로 흡입 공기량의 입력 정보가 오류가 발생되면 공연비 제어는 물론이고 심한 경우는 차량이 시동 불능을 가져오는 중요한 센서이다.

자동차의 흡입 공기량을 검출하는 방식을 살펴보면 표 (4-1)과 같이 크게 나누어 공기의 유량을 직접 검출하는 방식과 간접 검출하는 방식으로 나눌 수 있다.

직접 검출하는 방식에는 공기의 체적을 검출하는 방식과 공기의 질량을 검출하는 방식으로 구분할 수가 있다. 공기의 체적을 검출하는 방식은 공기는 온도에 따라 체적이 변화하는 문제점 때문에 일정 온도 하에서는 정확한 검출이 가능하지만 온도 변화 범위가 큰 곳에서는 별도의 온도 보상에 대한 대책이 요구된다. 반면 질량 유량을 검출하는 방식은 온도에 변화에 따른 질량 변화(밀도 변화)에 좋은 점은 있지만 흡기관의 맥동에 의한 질량 변화에 별도 안정화 회로를 고려하지 않으면 안된다. 그러나 질량 유량을 감지하는 센서는 체적 유량을 감지하는 센서 보다 소형화가 가능하며 안정적이어서 현재는 많이 사용되고 있는 추세이다.

구 분		종 류
직접 계측 방식	공기 체적 검출 방식	가동 베인 방식
		칼만 와류 방식
	공기 질량 검출 방식	핫 와이어 방식
		핫 필름 방식
간접 계측 방식		압력 감지 방식
		스로틀 개도각 검출방식

[표4-1] 공기유량 검출방식의 종류

🔺 사진4-1 핫 와이어 방식 AFS

🔺 사진4-2 가동 베인식 AFS

2. 칼만 와류

칼만 와류(칼만과)라는 것은 그림 (4-1)과 같이 공기가 흐르고 있는 통로 중앙에 기둥을 놓으면 원주 기둥 뒤에는 와류(과)가 만들어 지는데 이 와류는 유체의 흐르는 속도에 따라 비례하여 규칙적으로 발생한다는 사실을 헝가리의 칼만이라는 사람이 발견하여 이것을 그 사람의

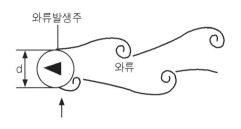

🔺 그림4-1 칼만와류의 발생

이름을 따라 칼만 와류 또는 칼만과라고 부르고 있다.

공기 통로의 원주에 의해 발생되는 주파수는 유속에 비례하며 비례 계수는 그림 (4-2)와 같이 약 0.2의 strouhal 계수 값에서 거의 일정하다.

따라서 약 0.2의 strouhal 계수값 범위에서 설계가 이루어진다면 흡입되는 공기의 유속에 따라 일정한 비율로 주파수를 얻을 수가 있다. 즉 원주에 의해 발생되는 칼만 와류의 주파수 f는 0.2 (u / d)로 나타낼 수 있다.

이와 같이 칼만(karman) 와류에 의해 검출되는 공기 유량 센서를 칼만-보텍스(kalman- vortex)방식이라고 한다.

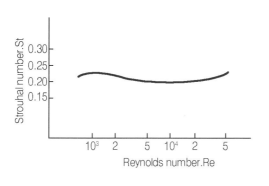

그림4-2 strouhal number

사진4-3 칼만와류식 AFS

 2 체적 유량을 검출하는 센서

1. 가동 베인형 센서

AFS(Airn Flow Sensor)는 에어 클리너와 스로틀 밸브의 중간에 장착하여 흡입 되는 공기의 량을 계측하고 이 계측된 값을 전기 신호로 변환하여 엔진 ECU(컴퓨터)에 입력하여 ECU는 이 신호를 바탕으로 연료 분사하는 방식을 L-제트로닉 방식이라 하는 데 여기서 사용되는 센서는 L-제트로닉 방식에서 AFM(air-flow meter)라고 부르기도 하며 가동 베인 대신 메저링-플레이트(measuring plate)라 하여 메저링-플레이트 방식이라 부르기도 한다. 이 센서의 구조를 살펴보면 크게 나누어 공기의 흐름을 감지하는 메저링-플레이트와 공기의 흐름을 감지하여 전기 신호로 변환하는 포텐쇼미터(potention meter)부가 있다.

그림 (4-3)의 구조를 통해 알아보면 에어-클리너 측으로부터 스로틀 밸브 측으로 공기가 흐를 때 가동 베인(메저링-플레이트)의 운동력과 리턴 스프링의 힘이 서로 평행인 상태에서 가동 베인(메저링-플레이트)은 멈추게 되고 그 축과 연결된 포텐쇼미터에 회전각(개도각)에 의해 공기량이 결정된다. 그림에서 댐핑-체이버(damping chamber)와 보상 플레이트(compensation plate)를 두는 것은 갑작스러운 흡입 공기량의 변화 및 공기 맥동에 대해 완충 역할을 하게 함으로 메저링 플레이트가 갑자기 움직이는 것을 안정시킬 수가 있기 때문이다.

또한 그림의 구조상에는 나타나 있지는 않지만 아이들 스피드 어저스트 스크류(idle speed adjust screw)가 있어서 바이페스 통로로 흐르는 공기량이 미소한 차이로 교정이 필요로 할 때 아이들 스피드 어저스트 스크류를 돌려 바이패스 통로의 면적을 조정함으로서 AFS의 목표치를 맞출 수가 있는 스크류가 붙어 있다. 여기서 사용하는 포텐션-메터(pontention meter)는 탄소 피막형 습동식 가변 저항을 말하며 에어-클리너에서 흡입되는 공기는 메저링 플레이트의 열린 각도와 비례하게 되므로 결국은 메저링 플레이트의 축이 회전하는 각도가 포텐쇼미터의 습동 저항값이 된다.

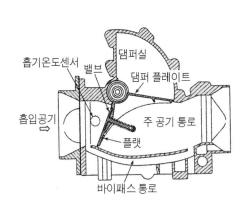

🔺 **그림4-3 가동 베인식 AFS구조**

🔺 **사진4-4 가동 베인식 AFS**

이렇게 움직인 습동 저항값은 전압값으로 변환하여 엔진 ECU(컴퓨터)에 입력하게 되는 것이다. 또 그림 (4-4)와 같이 연료 펌프용 접점은 엔진이 정지 상태 일 때는 접점이

OFF 되어 연료 펌프 모터가 작동을 멈추게 되고 시동시에는 메저링-플레이트가 어느 각도 이상 다다르게 되면 연료 펌프용 접점은 ON되어 연료 펌프 모터는 구동을 하게 되어 있는 방식이다.

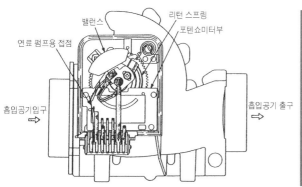

그림4-4 가동 베인식 AFS 내부 구조

사진4-5 가동 베인식 AFS내부

그림 (4-5)는 포텐쇼미터의 내부 회로를 나타낸 것으로 이 같은 가동 베인 방식은 전압비가 흡입되는 공기량과 반비례(흡입 공기량이 증가하면 전압값은 감소하고 흡입 공기량이 감소하면 전압값이 증가하는 것을 말함)하게 되는 방식으로 Vc는 포텐쇼미터의 전원 전압, Vs는 포텐쇼미터의 출력 전압, Vb는 배터리 전압, E_2 는 포텐션메터의 어스로 Vb와 Vc사이에는 전압비 검출 저항을 삽입하고 이 저항에 걸리는 전압값과 포텐쇼미터의 출력 전압의 비를 흡입 공기량의 값으로 나타내고 있는 방식이다.

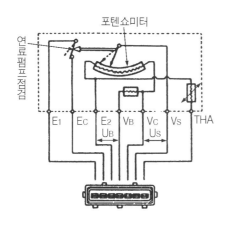

그림4-5 포텐쇼미터 내부 회로

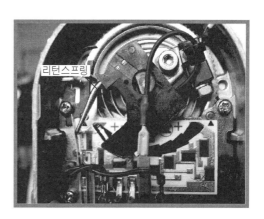

사진4-6 포텐쇼미터의 내부 회로

이와 같이 메저링-플레이트 방식의 AFS는 출력 특성이 직선성이 떨어져 초기 전자 제어 엔진에서 많이 사용하던 방식이나 현재에는 전압값 검출 방식이 많이 사용되고 추세이다. 이와 같이 흡입되는 공기량이 가동 베인을 회전 시켜 연료 펌프 스위치의 접점을 ON, OFF하는 방식은 접점의 기계적인 텐션의 트러블이나 접점의 불량이 발생하면 시동시 시동 불능으로 이어질 수도 있다.

[1] 전압비 검출 방식

가동 베인식 에어-플로 센서는 궁극적으로는 가동 베인축과 같이 붙어 있는 포텐쇼미터의 전압비의 출력 값으로 출력하게 된다.

🔺 사진4-7 가동 베인식 AFS 내부

이 전압비의 출력값은 다음과 같이 나타낸다.

$$전압비 : \frac{U_s}{U_b}$$

$$이\ 전압비\ \frac{U_s}{U_b}\ 와\ 공기량\ Q와\ 관계는\ \frac{U_s}{U_b} = \frac{C}{Q}$$

여기서 U_s : 포텐쇼미터의 출력 전압 U_b : 배터리 전압
C : 상수값 Q : 공기량(체적유량) m^2/s

이 값은 그림 (4-6)의 (a)에서 Vc와 Vb사이에 전압비 검출 저항(기준 저항)을 삽입하므로서 출력 전압 Vs 값은 Vc −Vs / Vb − E₂ 값으로 결정 되어지게 되므로 결국 흡입 공기량의 값은 Vc −Vs / Vb − E₂ 값으로 결정되어져 배터리에 대한 전압이 변동하더라도 어느 정도 보완 할 수 있도록 한 방식이다.

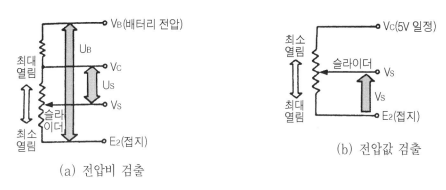

(a) 전압비 검출   (b) 전압값 검출

🔺 그림4-6 전압비와 전압값 검출 비교

(2) 전압값 검출 방식

그림 (4-6)의 (b)는 전압값 검출 방식을 나타낸 것으로 Vc의 전원 전압을 정전압 전원으로 하고 포텐쇼미터의 가동에 따라 전압이 변화하는 것을 흡입 공기량으로 검출하는 방식을 전압값 검출 방식이라 한다.

Vs의 출력 전압 값이 직접 흡입 공기량의 값이 되는 방식이다. 이와 같은 전압값 검출 방식은 슬라이더 전압과 흡입 공기량이 직접 비례하기 때문에 출력 전압을 선형적으로 검출 할 수 있다는 특징이 있다. 가동 베인식 유량 센서의 점검은 연료 펌프 스위치 점검과 포텐쇼미터의 점검으로 구분할 수 있는데 연료 펌프 스위치의 점검은 점화 키를 ON한 상태에서 Fc와 E₁ 간 전압이 12V 이면 접점이 OFF되었음을 의미하고 시동시 Fc와 E₁ 간 전압이 0V이면 연료 펌프 전원이 공급됨을 의미한다.

포텐쇼미터의 슬라이드 부위의 습동 저항은 멀티-테스터로는 간이 점검은 될 수 있으나 정확한 진단이 어렵기 때문에 스코프로 전압 파형을 점검하는 것이 좋다.

[표4-2] 전압비 검출방식과 전압값 검출방식의 비교	
전압비 검출	**전압값 검출**
회로도	
V_B에는 배터리 전압이 인가되어 있기 때문에 중간단자 V_C를 놓고 V_B-E_2 간, V_C-V_S간 전압비로서 검출하여 전압 변동에 의한 오차를 줄이고 있는 방식이다.	V_C에는 5V 전원이 걸려 있기 때문에 흡입 공기량이 변동에 의해 V_S의 전압 변화가 그대로 흡입 공기량 값이 된다. 이 V_S값이 ECU에 입력되면 내부의 A/D컨버터에 의해 디지털 신호로 변환하게 된다.
메저링 플레이트에 의해 직접 흡입 공기량을 측정한다. 그리고 내부에는 흡기온 센서 및 연료펌프를 내장하고 있기도 하다.	←
특성	

검출방법 (row 2)
구조 (row 3)

2. 칼만 와류 검출형 센서

[1] K/V 초음파식 공기유량 센서

그림 (4-1)은 칼만 와류 초음파식 에어-플로 센서의 구조를 나타낸 것으로 와류를 생성하는 삼각주 기둥과 생성된 와류를 초음파로 이용하여 계수하는 초음파 송신기, 수신기 그리고 펄스 파형으로 변조하는 변환 모듈로 구성되어 있다. 초음파식 에어-플로 센서의 원리를 살펴보면 그림 (4-8)과 같이 와류를 생성해 주는 삼각주 하류부에 초음파 송신기를 놓고 공기가 흘러 와류가 발생되면 와류와 직각으로 초음파를 발생시킨다. 이때 와류의 영향으로 초음파가 수신기 까지 전파되는 속도의 차가 발생하게 되며 이것은 수신측에는 초음파가 도달하는 시간 변화의 소밀 음파로 나타나게 된다. 이 소밀 음파는 변환 모듈을 통해 연산하여 펄스 신호로 변환하게 하는 것이다.

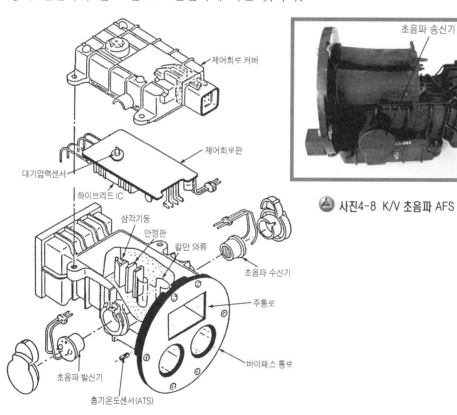

사진4-8 K/V 초음파 AFS

그림4-7 칼만와류 초음파 감지형 AFS 구조

따라서 초음파식 에어-플로 센서의 출력 파형은 흡입 공기의 유량에 따라 그림 (4-9)와 같이 엔진이 저속시는 낮은 주파수가 엔진이 고속시에는 높은 주파수가 발생되게 되는 것이다.

★ 초음파 : 인간이 들을 수 있는 가청 주파수 범위는 20㎐ ~ 20K㎐인데 이 가청 주파수 이상이 되면 사람이 들을 수 없는 음파로서 매질에 따라 전파하는 속도가 상당히 달라지게 된다. 상온시 공기 중에는 343(m/s)로 전파되지만 물속에서는 1480 (m/s)의 속도로 전파하는 속도가 빨라지며 진공 중에는 거의 전파되지 않는 특성을 가지고 있는 음파를 초음파라 한다. 또한 초음파는 반사 및 감쇄 효율이 높은 것이 특징이기도 하다.

　이러한 초음파는 산업에 여러 가지 용도로 이용하게 되는데 예컨대 공중용 초음파기로는 거리를 측정하는 것에 이용이 되며 어군을 탐지하는 음파 탐지기 물체를 세정하는 초음파 세척기 등으로 활용이 되며 접촉용 초음파기로는 환자 진료용으로는 초음파 진단기로 활용되고 있다. 또한 자동차에서는 거리나 물체를 확인하는 장치에 사용되기도 한다. 이와 같은 초음파의 발생원으로는 여러 가지가 있지만 주로 압전 효과를 이용하며 발생 주파수 및 음파의 세기는 용도에 맞추어 사용하고 있다.

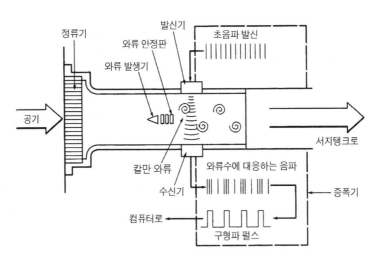

🔺 그림 K/V 초음파식 AFS의 원리

🔺 그림4-9 KV초음파식 AFS의 출력 파형

초음파식 에어-플로 센서의 점검은 출력 전압이 구형파(펄스파)로 나타나기 때문에 정확한 점검을 하기 위해서는 오실로-스코프를 사용하여 점검하는 것이 가장 이상적이지만 오실로-스코프가 없는 경우에는 디지털 멀티 테스터를 통해 간단히 점검 할 수도 있다. 디지털 멀티 테스터를 사용하는 경우는 센서의 출력 단자에서 평균값을 측정하여 보는 방법이다.

엔진 회전수가 아이들 상태인 경우는 약 2.7 V정도의 전압이 측정이 되며 엔진 회전수가 3000 rpm에서는 약 3.2V가 측정되면 정상으로 볼 수 있다. 또한 만일 단품만을 점검 할 필요가 생기는 경우는 그림 (4-10)과 같이 2번 핀 단자에 약 10kΩ의 저항을 건전지 6 V 짜리와 직렬로 연결한 후 멀티 테스터를 그림과 같이 연결하여 에어-플로 센서의 입구 쪽에 바람을 불어 넣어 멀티 테스터의 전압 변화값이 약 2.2 V까지 변화하는 것을 확인하므로서 정상 식별이 가능하다.

그러나 이 방법은 간이 점검 방법으로 보다 정확한 점검이 필요하다면 스코프를 사용하여 AFS 센서로부터 출력되는 파형을 점검하는 것이 좋다.

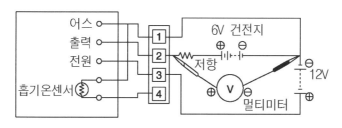

🔺 그림4-10 K/V 초음파식 AFS 점검방법

[2] K/V 광학식 공기 유량 센서

그림 (4-11)은 칼만 와류를 광학식으로 검출하는 에어-플로 센서의 투시도를 나타낸 것으로 칼만 와류를 따라 발생하는 와류 발생체의 양측에 압력 변화를 얇은 금속막 거울을 그림 (4-12)와 같이 설치하여 칼만 와류에 의해 발생되는 압력이 거울판의 진동으로 감지하게 하는 센서로 이 진동하는 거울에 한 쌍의 수광 및 발광 소자를 근접 시키게 되면 진동에 의한 반사광을 신호로 포토 TR이 동작하게 되는 광학식 검출 센서이다. 즉 흡입 공기가 광학식 에어-플로 센서 내를 통과하게 되면 와류 발생주에 의해 와류가 발생되며

이때 발생된 와류 양측에 압력차가 발생하게 돼 이 압력차가 거울의 반사광을 통해 흡입되는 공기량을 광학적으로 검출하게 되는 것이다.

이렇게 검출된 신호는 에어-플로 센서 내의 파형 정형 회로를 통해 단형파 펄스파로 정형하여 엔진 ECU의 입력 신호로 보내져 CPU는 엔진 1 사이클 당 단형파 주기를 카운트해 흡입 공기량을 연산하게 된다.

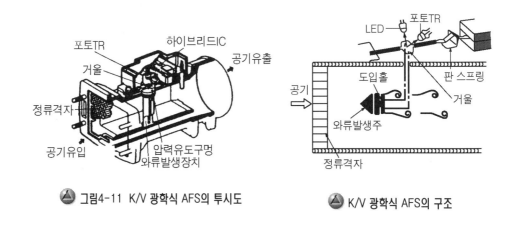

그림4-11 K/V 광학식 AFS의 투시도

K/V 광학식 AFS의 구조

[3] K/V 핫-와이어 공기유량 센서

칼만 와류에 의한 핫-와이어 공기 유량 센서는 미쓰비시(사)가 독자 개발한 GDI (Gasoline Direct Injection)엔진에 적용한 센서로 그 구조는 그림 (4-13)과 같이 와류발생 기둥 뒤쪽에 와류를 검출하기 위해 핫-와이어를 바이패스 통로에 설치하고 핫-와이어를 통해 와류의 수를 검출하는 센서 방식이다.

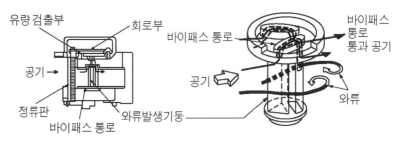

그림4-13 K/V 핫 와이어식 AFS의 구조

이 방식의 이점은 낮은 유량에도 검출 감도가 좋을 뿐만 아니라 에어-플러 센서의 입구 구경을 대형화 할 수 있어 압력 손실을 저감할 수 있는 이점이 있다. 또한 바이페스 통로에는 소량의 공기 밖에 흐르지 않기 때문에 검출 오류가 적으며 칼만 와류 좌우에서 핫-와이어의 전압 차로서 계측하는 방식이므로 노이즈 및 경시 변화에도 우수한 특징을 가지고 있는 센서이다.

3 질량 유량을 검출하는 센서

1. 핫-와이어 공기유량 센서

핫-와이어(hot wire) 공기 유량 센서는 흡입된 공기에 의해 핫-와이어로부터 빼앗은 열을 가동 베인식 또는 메저링-플레이트 방식의 에어-플로 센서와 같이 에어-플로 센서를 통과하는 공기의 체적 유량(cc)에 의해 출력 값이 결정되어 지지 않고 공기의 질량유량(kg)에 의해 출력 값이 결정되어 지기 때문에 온도 및 압력에 의해 공기의 밀도가 변화하여도 그 변화에 영향을 받지 않는 다는 장점이 있기 때문에 최근에는 질량 유량 검출 방식의 센서를 많이 사용하는 추세이다.

핫-와이어(hot wire) 공기 유량 센서의 구조는 크게 나누어 공기의 유량을 감지하는 센서부와 검출된 신호를 전기 신호로 변환하는 변환 모듈(하이브리드 IC로 구성)로 나누어 볼 수 있다.

사진4-9 핫 와이어 ATS

사진4-10 핫 와이어 AFS의 구조

　그림 (4-14)는 핫-와이어 에어-플로 센서의 투시도를 나타낸 것으로 흡입 공기는 흡입
온도를 감지하는 흡기 온도 센서를 지나면 온도를 감지하는 핫-와이어(백금 열선)를 거쳐
역화 방지 스크린 통해 서지 탱크로 흡입하게 된다.

△ 사진4-11 핫 와이어 AFS의 내부 회로 모듈

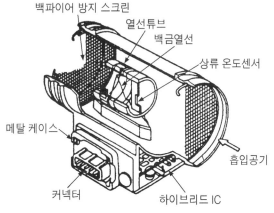

△ 그림4-14 핫 와이어 AFS 투시도

　이때 센서부에서 유량의 검출은 그림 (4-15)의 핫-와이어(백금 열선)에 의해 유량이
검출 되어 지는데 이 원리를 살펴보면 먼저 핫-와이어(백금 열선)에 정전압 걸어 전류가
흐르게 하여 핫-와이어(백금 열선)의 온도가 거의 일정하게 약 100℃ 정도가 되도록 하
고 흡입 공기의 유량에 따라 핫-와이어(백금 열선)의 저항 값이 변화하게 하므로 이 값을
흡입 공기량으로 연산하는 방식이다.

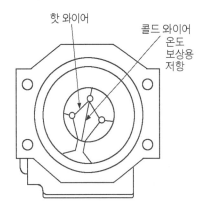

△ 그림4-15 핫 와이어 방식의 AFS 열선

△ 사진4-12 핫 와이어 AFS 내부

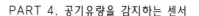

즉, 정전압에 의해 뜨겁게 달구어진 핫-와이어(백금 열선)는 흡입 공기가 통과하게 되면 달구어진 핫-와이어(백금 열선)는 온도가 내려가게 되는 것은 당연하다. 따라서 이 온도의 저하는 저항 값이 저하로 나타나게 되며 이 저항값이 저하는 흡입 공기량과 반비례하게 된다. 공기의 유속이 빨라지게 되면 백금 열선은 온도가 내려가게 되고 공기의 유속이 느려지면 백금 열선이 온도가 상승하는 것을 검출하게 하는 것이다

이러한 핫-와이어 에어 플로 센서는 그림 (4-14)와 같이 공기 통로에 핫-와이어(백금열선)를 설치하여 전류의 변화량을 감지하는 센서를 전류식 에어 플로 센서라 하며 반면 별도의 바이페스 통로에 핫-와이어를 설치하여 전류를 검출하는 분류식 에어 플로 센서가 있다. 바이페스 통로를 통해 검출하는 분류식 핫-와이어를 사용하는 목적은 흡입시 발생되는 흡기의 맥동을 적게 하기 위한 것으로 주로 4행정 기관에 많이 사용되고 있기도 하다.

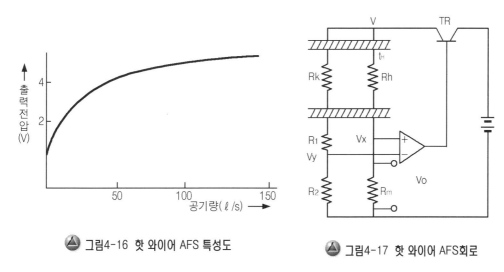

🔺 그림4-16 핫 와이어 AFS 특성도　　　🔺 그림4-17 핫 와이어 AFS회로

그림 (4-17)은 핫-와이어 에어-플로 센서의 검출부 회로를 나타낸 것으로 여기서

Rk : 공기 온도 보상 저항, Rh : 핫-와이어(열선), Rm : 기준 저항,

R_1 : 브리지 저항, R_2 : 브리지 저항으로 OP-AMP(연산 증폭기) 입력 회로에 브리지 회로를 구성하고 브리지 회로의 평행 조건은 다음과 같다.

$$(Rk + R_1) \cdot Rm = Rh \times R_2$$

여기서　$Rh = Ra[1 + \alpha(Th - Ta)]$

α : 핫 와이어의 온도 계수　　　Ra : 온도 Ta에 있어서 핫 와이어 저항

Rko : 20℃에서의 Rk의 저항　　　Rk : $Rko(1 + \alpha \Delta ta)$

즉 Rh/Rk + R₁ = Rm / R₂ = K 라고 하면 이 K의 값을 일정하게 되도록 제어하게 된다. 공기 온도를 Ta로 일정하게 하면 저항 R_1 , R_2 Rk, Rm은 고정 저항이므로 히터 저항(핫-와이어) Rh는 일정 저항 값으로 가열 된다.

따라서 (Th-Ta)는 일정하게 유지 되게 되고 이 상태에서 흡입 공기량이 통과하게 되면 Rh 저항 값은 낮아지며 브리지 회로의 평형 상태는 깨지게 된다. 이렇게 평형 상태가 깨지게 되면 트랜지스터에 바이어스 전압인 베이스와 이미터 사이의 전압값이 변화하게 되므로 TR(트랜지스터)에 흐르는 전류 I는 히팅 저항 Rh(핫-와이어 저항)제어해 Rh 저항 값을 일정하게 유지 시킨다. 따라서 전류의 변화량은 결국은 유량의 변화량이 되는 셈이다.

2. 핫-필름 공기유량 센서

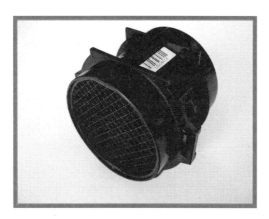

🔺 사진4-13 핫 필름 AFS

🔺 사진4-14 핫 필름 AFS 센서부

핫-와이어 에어-플로 센서의 응답 특성을 개선한 센서가 핫-필름 형식을 이용한 핫-필름 에어-플로 센서로 그 동작 원리는 핫-와이어 방식과 비슷하다. 그림 (4-18)은 핫-필름형 에어-플로 센서의 구조를 나타 낸 것으로 공기의 유량 감지하는 센서부와 센서부에서 검출된 신호를 증폭하여 주는 회로 모듈(하이브리드-IC)로 구성되어 있다.

공기의 유량을 검출하는 센서부를 살펴보면 그림 (4-19)와 같이 앞면에는 출력 특성을 보정하기 위한 공기 온도 보상 저항 Rt와 브리지 저항 R_1 , 센싱(sensing)저항 Rs로 구성 되어 있으며 뒷면에는 히팅 저항 Rh(열선 저항)로 구성되어 있다.

핫-와이어와 마찬가지로 핫-필름을 통과한 공기는 온도차에 비례하기 때문에 공기 온도가 높게 되면 방열량은 작게 된다. 따라서 흡입 공기에 의한 영향을 줄이기 위해서 핫 필름 방식에도 온도 보상 저항 Rt을 두게 된다.

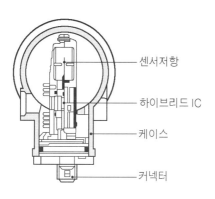

센서저항

하이브리드 IC

케이스

커넥터

▲ 그림4-18 핫 필름형 AFS

▲ 사진 4-15 핫 필름 AFS 정면

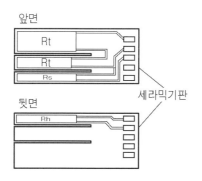

앞면

Rt

Rt

Rs

뒷면

Rh

세라믹기판

▲ 그림4-19 핫 필름 센서 저항

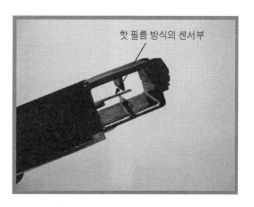

핫 필름 방식의 센서부

▲ 사진4-16 핫 필름 방식 AFS

그림 (4-20)은 핫-필름 방식 에어-플로 센서의 내부 회로를 나타낸 것으로 OP-AMP(연산 증폭기)의 입력측에 저항으로 브리지 회로를 구성하고 있다.

브리지 회로를 구성하는 센싱 저항 Rs는 주변의 공기 온도보다 약 170℃가 항상 유지되도록 히팅 저항 Rh에 의해 가열되어 지고 있다가 흡입 공기의 유량이 증가하게 되면 센싱(sensing) 저항 Rs는 낮아지게 된다.

이 센싱 저항 Rs값이 낮아지면 브리지 회로가 평형 상태를 잊게 되어 히팅 저항 Rh 로 흐르는 전류는 증가하게 되어 히팅 저항의 온도는 상승하게 되고 이 히팅 저항의 온도 상승분 만큼 센싱 저항 Rs의 온도 및 저항은 상승하게 되어 브리지 회로는 평형 상태를 유지하게 된다. 이때 히팅 저항 Rh에 흐르는 전류값에 의한 전압 강하분은 공기 유량에 비례하므로 출력 전압의 관계식은 V = Q / I 여기서 V는 히팅 저항 Rh 양단에 걸리는 전압이며 Q는 공기의 흐름에 의해 센서의 가열량을 나타내고 있다.

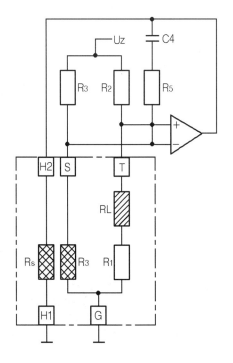

그림4-20 핫 필름 AFS 회로

사진 (4-17)은 얇은 실리콘 다이어프램 위에 히팅저항과 온도 센서 저항 들로 회로를 구성하여 하이브리드 IC화 (세라믹기판 위에 회로막을 형성한 복합집적 회로) 한 신호 처리 회로는 핫 필름 에어-플로 센서의 하우징 안에 삽입식으로 되어 있어 조립성이 용이한 것이 특징이기도 하다.

이와 같은 에어 플로 센서의 점검은 공기 유량에 따라 출력 전압이 상승하게 되므로 점검 방법도 공기 유량의 변화에 따라 전압 상승분이 메이커가 정한 규정값의 범위에 있는지만 확인하면 되지만 점화 키 ON시 출력 전압과 공회전시 전압, 약 3000rpm에서 전압

값을 기억해 두었다가 비교해 보면 좋다.

핫-필름 에어 플로 센서의 출력 단자가 단선이 되거나 센서 전압이 출력 되지 않으면 엔진은 시동은 하지만 엔진 회전수는 약 2000rpm 이상 상승하지 않는다.

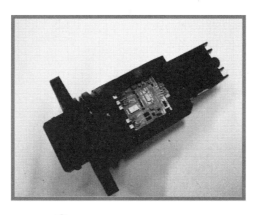

▲ 사진4-17 핫 필름 방식 AFS

이것은 엔진 ECU가 페일-세이프 모드(fail safe mode)로 들어가 연료 분사 시간을 고정하고 약 2000 rpm 이상이 되면 연료를 차단하는 fuel cut 기능을 가지고 있기 때문이다.

그림 (4-21)은 핫 필름 에어 플로 센서의 특성 곡선을 나타낸 것이다.

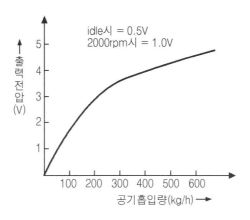

▲ 그림4-21 핫 필름 AFS의 특성 곡선

3. MAP 공기 유량 센서

MAP(Manifold Absoluted Pressure)센서는 공기 질량 유량을 감지하는 센서로 실리콘 반도체의 피에조 저항 효과를 이용하여 진공 상태와 흡기관 압력의 차를 감지하는 절대 압력형 센서에 대해 3장에 압력을 감지하는 센서에서 참조하기 바란다.

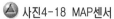

▲ 사진4-18 MAP센서

▲ 사진4-19 MAP센서

05

위치를
감지하는 센서

5 CHAPTER

위치를 감지하는 센서

위치를 검출하는 센서의 종류

1. 위치를 검출하는 센서의 구분

자동차의 전자 제어 시스템은 인간의 욕구를 추구하는 편의성, 안전성, 쾌적성 경제성 등을 실현하기 위해 사람이 조작해야 하거나 모니터링(monitoring)해야 하는 일 들을 사람 대신 수행 할 수 있도록 필요한 부분의 기계적 변위를 센서를 통해 검출하고 컴퓨터를 통해 제어하는 장치가 증가하게 되었다. 이 기계적인 변위의 량을 검출하는 센서의 출력 신호에 따라 크게 나누어 아날로그(analog) 신호 방식과 디지털(digital) 신호 방식으로 구분할 수 있다.

🔺 사진5-1 스로틀보디에 붙어 있는 TPS

🔺 사진5-2 TPS의 내부

아날로그 신호 방식으로 대표적인 센서로는 각도의 변화를 전기 저항으로 변화하는 포텐쇼미터(potention meter)를 예를 들 수가 있다. 포텐쇼미터는 위치나 각도를 검출하는 센서로 많이 이용되고 있는 센서로 흡입 공기량의 개도를 결정하는 스로틀 버디의 TPS (Throttle Body Sensor)센서, 차량의 자세를 감지하기 위한 차고 센서, 액체의 레벨을 감지하기 위한 연료 레벨 센더, 간헐 와이퍼의 회전 속도를 결정하는 속도 조절용 포텐쇼미터를 예를 들어 볼 수 있다. 또한 디지털 방식은 검출하는 센싱 방식에 따라 광전 효과를 이용한 방식과 자기 효과를 이용한 로터리 엔코더(rotary encoder)방식이 있다.

> ★ **포텐쇼미터** : 포텐쇼미터는 우리말로 하면 전위차계라고 불리는 것으로 위치에 따라 전위가 변화한다. 하여 포텐쇼미터라 부르는데 여기서 사용하는 포텐쇼미터는 가변 저항을 의미한다.
> ★ **엔-코더** : 엔-코더(encoder)라 하는 것은 입력 어떤 변위량(저항, 전압, 전류)을 디지털 신호로 부호화 하는 것을 말한다.

2 위치를 검출하는 센서

1. 포텐쇼미터를 이용한 센서

(1) TPS 센서

아이들 스위치

🔺 사진5-3 스로틀 보디

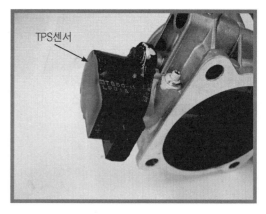

TPS센서

🔺 사진5-4 스로틀 보디의 TPS

TPS(Throttle Position Sensor)는 운전자의 주행 의지를 흡입 공기의 통로 개도 신호를 통해 그림 (5-1)과 같이 ECU(Electronic Control Unit)에 입력되는 센서로 엔진의 가감속 판정 및 급가속 판정, 엔진의 부하 상태 판정, 공회전 위치 검출을 하는 센서로 엔진의 기본 분사량을 결정하는 중요한 센서이다. 이 TPS 신호는 엔진의 운전 상태를 엔진 회전수와 더불어 기본 분사량을 연산하고 점화시기를 결정해 주는 센서이다.

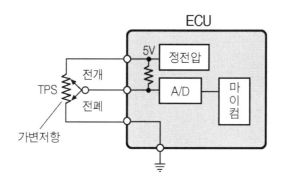

🔺 그림5-1 TPS 입력 회로

TPS의 구조를 살펴보면 사진 (5-6)과 같이 세라믹 기판위에 탄소 저항체를 입혀 놓고 스로틀 밸브의 축과 연동해 움직이는 컬렉터 링(collector ring)의 끝에는 슬라이딩 접점이 연결 되어 있어 컬렉터 링이 회전시 탄소 피막과 접촉하게 되어 있다. 이와 같은 TPS 센서는 출력하는 형태에 따라 엔 코더(encoder)방식과 리니어(linear)식으로 구분되어지며 저항체의 종류에 따라서는 탄소 피막저항, 권선형 저항 등이 있다.

🔺 사진5-5 스로틀 보디

🔺 사진5-6 TPS 내부의 습동 저항

엔 코더 방식의 TPS는 아이들 접점, PSW(Power Switch)접점, ACC1 (accessory1)접점, ACC2(accesory2) 접점으로 구성되어 있어서 엔진이 아이들(idle) 시에는 아이들 접점이 엔진이 고부하 시에는 PSW 접점이 검출하고 ACC1과 ACC2 접점은 가속 상태를 검출하여 내부 프린터 기판상의 엔-코더 회로를 통해 디지털 신호로 변환하는 방식이다.

리니어(linear)식 TPS 센서는 내장된 스위치에 의해 이동 원점을 감지할 수 있어 그 절대 각도를 정확히 검출 할 수 있는 센서이다. 이 방식의 센서는 출력을 전압값으로 각도 검출 처리가 용이하며 엔진에 직접 부착 할 수가 있어 내 환경성이 우수하며 리턴 스프링이 내장되어 있어서 피측정 물과 결합이 용이한 특징이 가지고 있다. 이러한 센서는 사진 (5-5)와 (5-6)과 같이 탄소 피막의 습동 저항을 가지고 있어 습동 저항식 TPS 또는 리니어 출력식 TPS라고 부르기도 한다.

일반적으로 많이 사용하는 리니어 출력식 TPS는 스로틀(throttle) 개도를 전압으로 변환하여 ECU로 스로틀 개도 신호를 보내도록 되어 있다. 이 스로틀 개도 신호는 그림 (5-2)와 같이 스로틀 개도를 열면 2개의 접점이 있는데 하나는 아이들 상태를 판단하는 아이들 접점(IDL접점)과 저항체를 습동하면서 이동하는 가동 접점(Vta : 스로틀 개도용)이 있다. Vc 단자에 TPS의 기준 전압 5V을 인가하고 스로틀 개도에 따라 가동 접점이 저항 위를 습동하게 되면 Vta단자로 스로틀 개도에 비례하는 전압이 출력하게 된다. 이 신호는 ECU 내의 A/D(Analog to Digital)컨버터에 의해 디지털 신호로 변환 돼 CPU로 입력하게 된다.

그림 (5-2)의 (b)와 같이 ECU의 내부에는 정전압 전원 5V가 저항 R_1 에 연결되고 저항 R_2 는 어스와 E_2 단자 간에 연결하고 있는 데 저항 R_1 및 R_2 는 TPS 저항 r 보다 크기 때문에 전류는 Vc 단자에서 TPS 저항 r 로 흐르게 되어 신호 전압 Vta는 ECU 내부 저항 R_1 과 R_2 에 영향을 받지 않는다. 따라서 내부 저항 R_1 과 R_2 는 TPS 저항이 단선 되었을 때를 대비한 보조 저항인 셈이다. 또 스로틀 개도가 완전히 닫히게 되면 아이들 접점이 ON상태가 되어 아이들 상태인 것을 ECU는 검출하게 된다.

그림 (5-2)형 TPS는 IDL단자, Vta단자 전압에 의해 ECU는 주행 상태를 판단하여 가감속 검출 및 아이들 안정화 보정, 과도시 공연비 보정, 연료 차단 보정 등을 하는 센서이다.

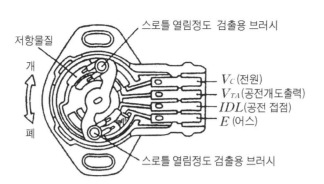

(a) LE SW가 내장된 TPS센서의 구조

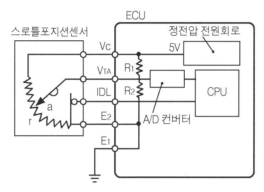

(b) TPS 센서의 회로도

 그림5-2

그림 (5-3)은 리니어 TPS의 출력 특성을 나타낸 것이다.

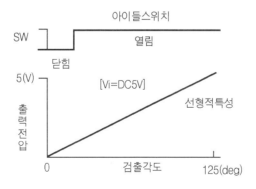

그림5-3 리니어 TPS의 특성

사진 (5-7)은 리니어식 TPS의 내부 저항을 나타낸 것으로 그 회로는 그림 (5-4)와 같다.

여기서 R_1, R_4 저항은 스로틀 밸브와 연동해서 움직이는 습동 저항이며 R_2, R_3는 고정 저항으로 습동시 전체 저항 R_0는 다음과 같다.

전체저항 $R_0 = R_1 + R_2 + R_3 = 2k\Omega$, $R_4 = 0.85k\Omega$

입력저항 $V_i = 5V$

출력전압 $V_0 = 0V \sim 5V$

R2가 100Ω일 때 $R_2 / R_0 = 0.05$가 되며

TPS의 입력 저항비는 $R_1 + R_2 / R_0 = R_2/R_0 + 0.895$로 결정된다.

여기서 $R_1 / R_0 = 0.895$

TPS에서 사용되는 전기적인 회전각도의 범위는 $\leq 96°$ 이며 입력 대 출력의 전압의 비는 $0.04 \leq V_0/V_i \leq 0.96$ 이다.

사진5-7 TPS의 내부 저항

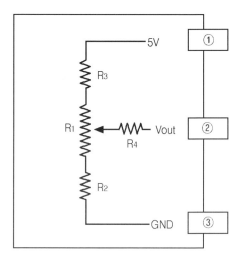

그림5-4 TPS 전기 회로

[2] 메저링 플레이트식 AFS 센서

전 장에서 이미 설명한바 있지만 가동 베인식을 일명 메저링 플레이트 방식이라 부르는 것으로 이 메저링 플레이트에 사용되는 포텐쇼미터의 회로는 독특한 특성을 가지고 있다.

메저링 플레이트 가변 전압 단자의 저항값은 메저링 플레이트(베인)를 완전히 닫힌 상태에서 천천히 움직이면 저항값은 그림 (5-6)과 같이 커졌다 적어졌다 하면서 감소하는 것을 볼 수 있다. 저항값이 감소 → 증가 → 감소를 반복하며 감소하는 원인은 가변 저항 단자에 비교적 적은 저항이 병렬로 연결 되어 있기 때문이다.

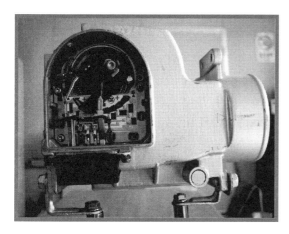

🔺 사진5-8 메저링 플레이트식 AFS

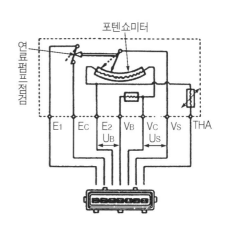

🔺 그림5-5 메저링 플레이트 AFS 회로도

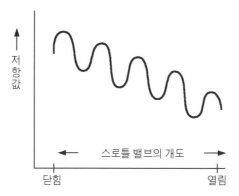

🔺 그림5-6 가변저항의 저항 변화

내부 회로를 구체적으로 살펴보면 그림(5-7)과 같이 가변 저항에 고정 저항이 병렬 연결 된 형태로 좌측의 병렬 회로부터 슬라이드 가동 접점이 가변 저항 위를 A점, B점, C점 를 접촉하면서 움직이면 저항값은 어떻게 변화하는지 살펴 볼 필요가 있다.

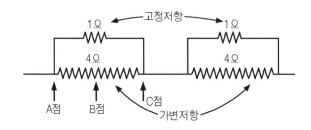

🔺 그림5-7 가변저항과 병렬로 연결된 저항(예)

먼저 슬라이드 가동 접점이 A점부터 접촉을 하였다고 가정하면 그림 (5-8)의 (a)와 같이 A점은 당연히 0Ω이 되지만 그림 (b)와 같이 가동 접점이 4Ω인 중앙으로 B점에 위치 하게 되면 저항값은 고정 저항 1Ω과 가변 저항 2Ω이 직렬로 연결되고 나머지 가변 저항 2Ω은 병렬로 연결된 것과 같아지게 되므로 결국은 3Ω의 고정 저항과 2Ω의 가변 저항 이 병렬 연결된 것과 같이 되어 합성 저항 값은 1.2Ω이 되며 가동 접점이 C점에 위치 했을 때 그림 (c)와 같이 고정 저항 1Ω과 가변 저항 4Ω이 병렬로 연결되어 있어 합성 저항은 0.8Ω이 되게 된다.

즉 가변 저항 값은 슬라이드 가동 접점이 A점에서 C점으로 움직이면서 저항값은 0Ω → 1.2Ω → 0.8Ω으로 변화 하게 되는데 이것은 결국 저항값이 감소 → 증가 → 감소를 반복하면서 감소하게 되는 것이다.

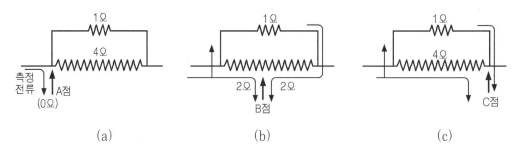

(a)   (b)   (c)

🔺 그림5-8 가변저항의 습동에 의한 각 점의 저항값

이와 같이 메저링 플레이트 방식에서 가변 저항에 병렬로 저항을 연결하여 감소 → 증가 → 감소를 반복하게 만든 것은 슬라이드 가동 접점이 접촉 불량 등에 의해 AFS 저항 값이 오차가 생겼을 때 오차를 줄이기 위한 방법으로 사용하고 있다. 만일 고정 저항이 없는 가변 저항이라고 생각하면 저항값이 변화하면 하는 만큼 접촉 불량이 발생하면 오차로 이어지게 되지만 이와 같이 가변 저항부에 고정 저항을 병렬로 연결하게 되면 일정부분 오차를 감소시킬 수 있는 이점이 있다.

그림 (5-8)은 메저링 플레이트 방식의 포텐쇼미터의 전압 특성을 나타낸 것으로 공급 전압은 12V용인 반면 그림 (5-9)는 5V 기준 전압을 사용한 전압 특성 곡선을 나타낸 것이다. 이와 같은 메저링 플레이트 방식의 포텐쇼미터의 점검은 슬라이드 가동 접점이 움직임에 따라 출력 전압이 감소, 증가, 감소를 반복하지 않거나 0V 나 12V로 고정되는 경우는 포텐쇼미터의 불량으로 생각 할 수 있다.

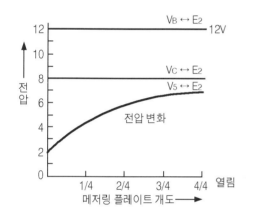

● 그림5-9 포텐쇼미터의 전압변화

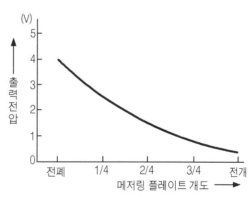

● 그림5-10 메저링 플레이트식 AFS 특성도

[3] 액셀러레이터 센서

액셀러레이터 센서(accelerator sensor)는 액셀러레이터의 페달을 밟은 량을 통해 운전자의 의지를 감지하여 ECU(컴퓨터)에 보내고 ECU(컴퓨터)는 이 정보를 토대로 스로틀 개도 량을 결정하도록 하고 결정된 스로틀 개도 량은 TPS(Throttle Position Sensor)에 의해 다시 ECU로 피드백(feed back)하도록 하는 시스템에 사용하고 있다. 이와 같은 시스템을 도입하는 목적은 운전자의 의지를 전기적인 데이터로 변환하여 ECU

로 전달되어 지므로 정교한 제어가 가능하다는 이점뿐만 아니라 크루즈 컨트롤 시스템 (cruise control system)을 적용하는 차량에 운전자의 주행의지를 검지하는 센서로도 사용된다.

🔺 사진5-9 스로틀 보디

액셀러레이터 센서(accelerator sensor)는 스로틀 레버와 일체화 되어 있어서 엑셀 페달의 밟은 량을 직접 APS(Accelerator Position Sensor)를 통해 직접 전기 신호로 변환 하는 선형적 특성을 가지고 있는 센서이다. 또한 출력 특성은 그림 (5-11)과 같이 높은 신뢰성을 확보하기 위해 서로 다른 2중의 센서를 이용하고 있는 방식이다. 만일 한쪽 센서가 이상이 있더라도 스로틀 개도를 제어하는 데는 이상이 없도록 되어 있으며 이 같은 2중 구조의 센서는 TPS센서에도 같은 전기적인 특성을 갖도록 하고 있다.

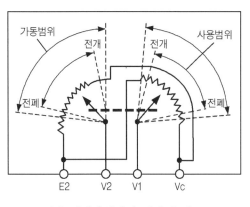

(a) 액셀러레이터 센서의 회로

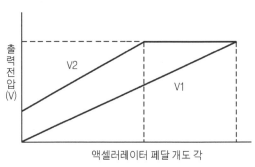

(b) 액셀러레이터 센서의 특성

🔺 그림5-11 전자제어 스로틀용 액셀러레이터 센서의 특성

★ **스로틀 전폐 위치 학습 제어** : ISC(Idle Speed Control) 제어나 전자 제어 스로틀 제어를 하기 위해 스텝 모터를 적용하고 있는 시스템에서는 스로틀 버디 계통의 점검 후나 스로틀 버디를 신품으로 교환 후에는 TPS & APS 센서의 출력값을 학습 할 필요가 있는 데 이것은 최소한의 아이들 공기량을 학습하기 위한 것이다. 따라서 정비 후에는 점화 스위치를 ON에서 OFF하여 스로틀 밸브가 학습하는 것을 작동음 통해 확인 하여야 한다.

[4] 차고 센서

차고 센서는 ECS(Electronic Control Suspension : 전자 제어 현가장치) 시스템에 적용차량의 선회 안정성 및 주행 안정성을 확보하기 위해 차고 제어 및 자세 제어를 하기 위해 현재의 차고 상태를 감지하는 센서로 비교적 간단한 포텐쇼미터 방식과 광전식 검출 방식, 홀 효과 검출 방식이 사용되고 있다.

사진 (5-10)은 포텐쇼미터 방식의 차고 센서로 기준 전압인 5V을 공급하고 슬라이딩 가동 접점을 통해 중심축이 움직이면 저항값에 비례한 전압값이 선형적으로 변화하며 출력하여 ECS 컴퓨터의 입력 정보로 사용하는 센서이다.

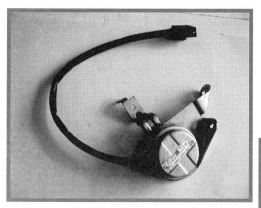

🔺 사진5-10 차고센서

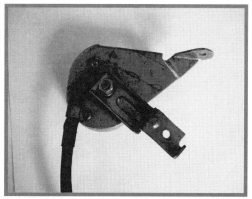

🔺 사진5-11 차고센서 가동축

(5) 연료 레벨 센더

연료 레벨 센더는 그림 (5-12)와 같이 연료 탱크 안에 내장되어 있어 연료의 량에 따라 뜨개가 움직이면 연료 레벨 센더의 중심 축이 움직이며 이 중심축에는 사진 (5-12)와 같이 슬라이딩 가동 접점이 연동하여 움직이도록 되어 있다. 이 슬라이딩 가동 접점이 움직이면 세라믹 판에 입혀진 탄소 피막 저항 위를 슬라이딩하며 저항 값이 변화하게 되어 있어 연료 메터에 지침이 움직이게 하는 방식이다.

동작 원리는 연료 메터의 가동 코일과 연료 레벨 센더의 저항과 직렬로 회로가 구성되어 있어 연료 레벨 센더 저항이 변화함에 따라 메터의 코일에 흐르는 전류가 변화하게 돼 전류의 흐르는 양만큼 자속비례하여 지침을 움직이게 하는 방식이다.

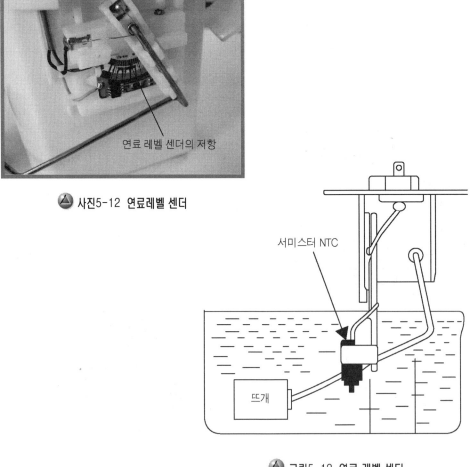

연료 레벨 센더의 저항

▲ 사진5-12 연료레벨 센더

서미스터 NTC

뜨개

▲ 그림5-12 연료 레벨 센더

사진(5-13)은 LPG 차량의 연료량을 검출하는 센서로 봄베 탱크 안에 설치하여 LPG 의 량을 검출하는 권선형 저항의 포텐쇼미터이며 원리는 앞서 설명한 것과 동일하다.

△ 사진5-13 LPG차량의 연료 레벨 센더

△ 사진5-14 연료 레벨 센더의 포텐쇼미터

그림 (5-13)은 연료 게이지의 간이 점검 방법으로 연료 게이지는 연료 레벨 센더와 직렬로 연결 되어 있어서 연료 레벨 센더의 커넥터를 제거하고 그림과 같이 테스트 램프를 연결하여 테스트 램프가 점등되면서 연료 게이지 지침이 움직이는 것을 확인한다. 이때 테스트 램프가 소등 되었거나 점등 되었는데도 불구하고 연료 게이지가 움직이지 않는 경우는 연료 게이지 유닛 이상으로 판단할 수 있다.

그림 (5-14)는 연료 레벨 센더의 단품을 점검하는 것을 나타낸 것으로 연료 레벨 센더의 뜨개가 A점에서 F점 까지 위치하였을 때 멀티 테스터로 저항을 측정하여 자동차 메이커가 정한 규정치 범위에 있는지 확인하면 된다.

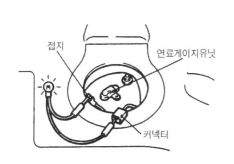

△ 그림5-13 연료게이지 점검

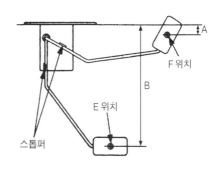

△ 그림5-14 연료 레벨 센더의 점검

연료 레벨 센더의 저항값은 메이커 마다 다소 차이는 나지만 대개 표준치는 뜨개가 F 위치에 있을 때는 17Ω ± 2Ω 이며 E 위치에 있을 때는 120Ω ± 7Ω 이면 정상이다.

그림 (5-15)는 전자식 계기판의 연료 게이지 회로를 나타낸 것으로 일반 계기판과 달리 연료 레벨 센더의 신호를 계기판 내의 컴퓨터가 인식하여 구동 회로를 통해 디지털 신호로 출력하도록 되어 있다. 또한 연료 메터는 스텝핑-모터 방식을 채용하고 있어 이 전에 사용하던 전류 제어 계기판 보다 정확도가 한층 높아진 방식이다. 이러한 계기판의 점검은 입 출력 신호의 점검이 키 포인트로 입력 단 및 출력 단의 정확한 사양을 알고 있지 않으면 게이지의 양부 판정은 쉽지 않다.

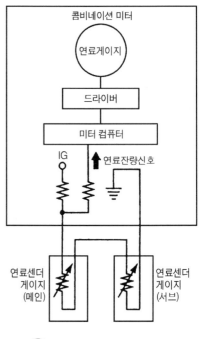

그림5-15 연료게이지 회로

그림 (5-16)은 일반적인 연료 레벨을 감지 장치로 연료의 량에 따라 뜨개의 위치가 상하로 이동하면 습동식 저항(가변 저항)에 위치가 변화하여 저항에 흐르는 전류의 량이 변화하도록 한 센서로 가솔린, 경유 등의 유량을 판별하는 센서로 사용하고 있다.

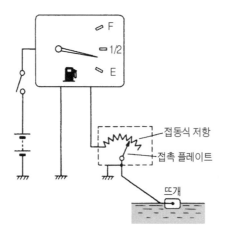

그림5-16 연료게이지 회로

게이지 회로의 기본 동작은 연료가 작을 때에는 뜨개가 연료 탱크 바닥으로 내려가 습동 저항(가변 저항값)값이 증가하면 연료 메터에 흐르는 전류는 감소하여 메터의 지침은 E(empty)를 가리키고 이와 반대로 연료가 많을 때에는 뜨개가 연료 탱크 위쪽으로 올라와 습동 저항값(연료 레벨 센더 저항값)이 감소하게 되어 연료 메터에 흐르는 전류는 증가하게 되어 메터의 지침은 F(full)를 가리키게 되어 있다. 이와 같은 계기와 점검은 앞서도 기술하였지만 구조가 간단해 점검하기가 쉽다.

연료 레벨 센더의 저항값은 자동차 메이커 마다 다소 차이는 나지만 대개 표준치는 뜨개가 F 위치에 있을 때는 $17\Omega \pm 2\Omega$ 이며 E 위치에 있을 때는 $120\Omega \pm 7\Omega$ 이면 정상이다.

[6] 연료 잔량 경고등 센서

연료의 잔량을 검출하는 센서는 온도 검출능력이 민감한 서미스터를 사용하고 있다. 동작원리는 서미스터에 전압을 가하면 일정량의 전류가 흐르게 되어 이 전류에 의해 서미스터에 자기 발열이 발생하는 성질을 이용하고 있다. 이 서미스터 센서가 연료 안에 있을 때는 연료에 의해 방열이 되어 서미스터의 온도는 상승하지 않아 서미스터 저항 값이 높이 나타내다가 연료 밖으로 나오게 되어 공기 중에 노출하게 되면 서미스터 센서는 방열이 어려워 저항 값은 내려간다.

이 서미스터 센서는 연료 잔량 경고등이 그림 (5-17)과 같이 연결되어 있어서 전류의 크기에 따라 연료 잔량 경고등이 점등되도록 회로가 구성되어 있다.

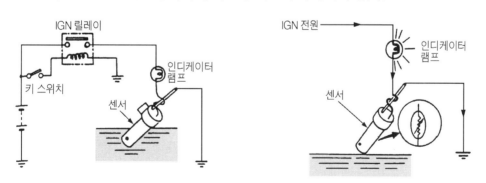

🔺 그림5-17 연료 잔량 경고등 회로

[7] 그 밖에 센서

그 밖에 자동차에서 위치를 감지하는 센서로는 사진 (5-15)와 같이 브레이크 액량을 검출하기 위해 사용하는 전자식 리드-스위치 방식을 사용하는 센서로 브레이크 오일이 부족하면 액량을 감지하여 운전자에게 계기판을 통해 경고등을 점등시켜 알려주는 센서로 사용되기도 하고 사진 (5-16)은 간헐 와이퍼의 속도 조절을 위해 사용되는 와이퍼의 속도 조절용으로 포텐쇼미터(가변 저항)를 사용하기도 한다.

사진5-15 브레이크 액량 감지 센서

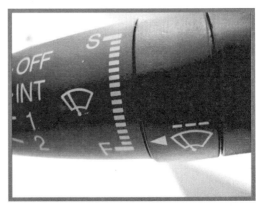

사진5-16 간헐 와이퍼 속도 조절 노브

2. 광전 효과를 이용한 센서

[1] 스티어링 센서

스팅어링 센서는 차속 센서와 더불어 ECS(전자 제어 현가장치)에 핵심적인 입력 센서로 주행 안전성과 선회 안전성을 확보하기 위하여 스티어링 회전 영역을 감지하여 쇽업소버(shock absorber)의 감쇄력 제어 및 차량의 자세 제어에 이용할 뿐만 아니라 자동차용 블랙-박스(black box)의 입력 신호용 센서로도 이용되는 센서이다.

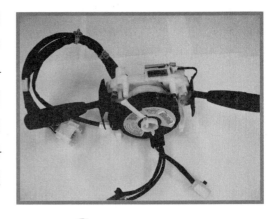

사진5-17 다기능 스위치

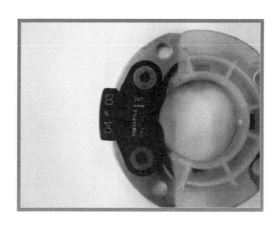

📷 사진5-18 광전식 스티어링 센서

스티어링 센서는 그림 (5-18)과 같이 샤프트에 부착된 슬리드 판의 디스크와 디스크를 검출하는 센서부(photo coupler)로 구성되어 있다. 센서부에는 2쌍의 발광 다이오드와 포토-트랜지스터가 고정 틀에 부착되어 있어서 2쌍의 포토-커플러(photo coupler)는 서로 위상차를 90° 갖게 하여 스티어링(steering)이 좌회전 시와 우회전 시를 구분 할 수 있게 하고 있다.

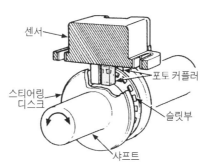

🔺 그림5-18 스티어링 센서의 장착상태

센서부의 출력 신호는 그림 (5-19)처럼 정지 신호를 기점으로 A 출력 신호, B출력 신호가 모두 OFF 상태인 경우는 ECU는 정지 상태로 판단하고 A 출력 신호가 OFF, B 출력 신호는 ON 상태인 경우는 좌회전 상태 A 출력 신호가 ON, B 출력 신호가 OFF 상태인 경우는 좌회전 상태로 인식하게 된다.

★ **포토 TR** : PN접합 다이오드에 역방향 바이어스 전압을 걸어 놓으면 PN 접합면 사이에 전하가 축적되어 공간 전하 영역이라는 층에 전위 레벨이 형성된다. 이 때 외부로부터 빛이 조사되면 공간 전하층에 있던 전자는 역 방향 바이어스 전압에 의해 전자는 이동하게 된다. 이렇게 흐르는 전류는 빛의 세기에 비례하여 흐르게 되므로 이것을 이용하여 PN접합 트랜지스터를 만든 것이 포토-TR(트랜지스터)이다.

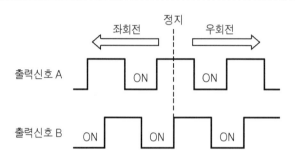

▲ 그림5-19 스티어링 센서의 출력 특성

(2) 광전식 차고 센서

차고 센서는 자동차의 현가장치의 차고의 변위량을 검출하기 위한 센서로 그림 (5-20)은 차고 센서의 샤프트(shaft)가 회전 변화함에 따라 회전각을 검출하는 광전식 차고 센서의 구조도이다.

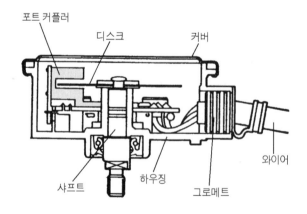

▲ 그림5-20 광전식 차고센서 구조

이 센서의 샤프트(shaft)는 디스크(차광판) 원판과 연동해서 회전 변화하게 되면 회전 각도를 디지털 신호로 출력할 수 있도록 디스크판(차광판)에 가늘고 긴 슬롯(slot) 구멍이 나 있어서 발광 다이오드에서 발생된 빛이 이 슬롯 구멍을 통과하게 되면 빛은 포토-트랜지스터에 전달되게 되어 있다. 즉, 디스크판(차광판)의 슬롯(slot) 구멍을 통해 발광 다이오드의 빛을 검출하는 구조로 되어 있다. 디스크판에는 4쌍의 포토 TR이 붙어 있어서 샤프트(축)가 회전에 따라 출력신호는 그림 5-21과 같이 4비트의 코드화로 출력하게 되어 있어서 ECU는 회전각의 위치를 판독할 수 있도록 하고 있다.

이와 같은 센서는 ECU에 입력 된 차고 센서의 값은 승차 인원 및 적재화물의 증감에 따라 차고를 자동적으로 조절하는 자세 제어에 이용되며 또한 노면의 상태에 따라 현가장치의 특성을 변화시키는 ECS(전자 제어 현가장치)에 입력 신호 검출용으로 이용하고 있기도 하다.

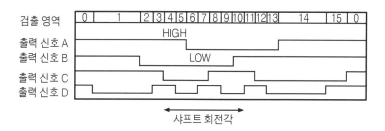

그림5-21 광전식 차고센서의 출력 특성

3. 홀 효과를 이용한 센서

[1] 차고 센서

비접촉 각도 센서 중 샤프트(shaft)의 회전각에 따라 아날로그 전압을 출력하는 센서로 그 구조는 그림 (5-23)과 같이 홀-소자는 고정되어 있는 상태에서 샤프트(축) 상에 자석이 연동하여 회전하면 홀-소자는 자계의 세기를 검출하여 회전 각도에 따라 사인 함수의 전압 파형으로 출력하도록 되어 있어서 차고의 위치를 검출한다. 이 센서는 자동차의 도로 상태에 따라 차량의 자세 및 승차감을 자동적으로 조정하는 액티브 서스펜션(active suspension)시스템의 차고를 검출하는데 사용하며 차량의 적재 하중의 중감에

따라 차고의 조절을 자동적으로 조정하는 차고 제어 시스템에 이용하고 있다. 이와 같은 홀 소자 방식의 센서에는 출력 전압이 메이커의 차종에 따라 아날로그 전압값으로 출력하는 센서와 홀 소자에 별도의 변환 회로를 내장하여 디지털 전압값으로 출력하는 센서가 사용되고 있다.

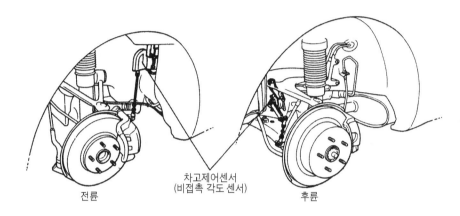

전륜   차고제어센서
(비접촉 각도 센서)   후륜

🔺 그림5-22 차고센서의 장착 위치도

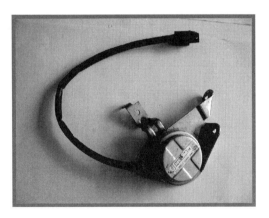

🔺 사진5-19 차고센서

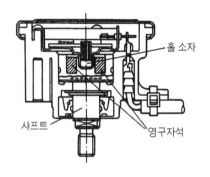

홀 소자

샤프트   영구자석

🔺 그림5-23 비접촉 각도 차고센서

[2] 시트 위치 검출 센서

PSMS(Power Seat Memory System)은 승원의 체격과 자세에 맞게 자석의 위치를 조절하여 파워 시트 기억 장치 ECU에 기억시키면 운전시 자동으로 위치를 기억하고 있다가 미리 기억된 위치로 시트(seat)의 위치가 자동으로 조절되는 장치이다.

그림 (5-24)는 좌석에 전후로 이동하는 것을 감지하는 슬라이드 센서, 전후, 상하로 높이 조절이 되는 버티컬 센서(vertical sensor)가 있으며 등받이의 기울기의 위치를 감지하는 리클라이닝(reclining) 회전 센서가 있다.

이러한 시스템에 사용되는 센서는 대개 포텐쇼미터 방식이나 또는 홀센서 방식을 사용하고 있다.

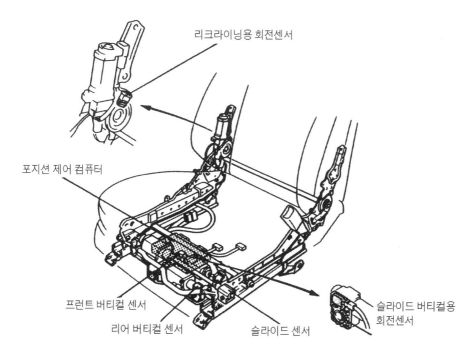

리크라이닝용 회전센서

포지션 제어 컴퓨터

프런트 버티컬 센서

리어 버티컬 센서

슬라이드 센서

슬라이드 버티컬용 회전센서

🔺 그림5-24 파워 시트용 포지션 센서의 위치

그림 (5-25)는 홀센서 방식의 외관 구조를 나타낸 것으로 슬라이드 센서, 버티컬 센서, 리클라이닝 센서는 하우징 내에 웜-기어(worm gear)에 장착되어 있어서 모터가 회전을 하게 된다. 그러면 그림 (5-26)에 나타낸 원형 자석이 모터와 같이 회전을 하게 되어 있어서 홀-소자를 통해 원형 자석의 회전수 즉 모터의 회전수를 통해 모터의 회전 위치를 검출할 수 있도록 되어 있다.

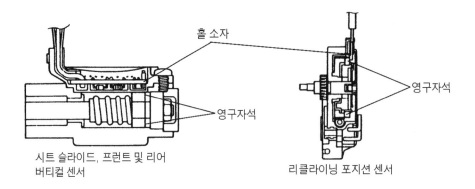

홀 소자

영구자석

영구자석

시트 슬라이드, 프런트 및 리어
버티컬 센서

리클라이닝 포지션 센서

🔺 그림5-25 파워 시트용 포지션 센서의 구조

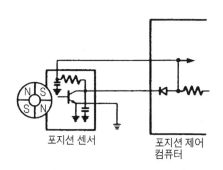

포지션 센서

포지션 제어
컴퓨터

🔺 그림5-26 포지션 센서의 회로

[3] 미러 위치 검출 센서

최근 자동차는 주행 후 아웃사이드 미러
(out side mirror)가 자동으로 격납하기도
하고 미러(mirror)의 각도를 운전자의 눈 높
이에 맞추어 조절하여 기억 장치에 기억시켜
놓으면 주행시 자동으로 미러의 위치가 원 위
치 되는 시스템에도 그림 (5-27)과 같이 미
러의 위치를 감지하는 위치 검출용 센서가 이
용된다.

이러한 시스템에 사용되는 미러의 위치 검

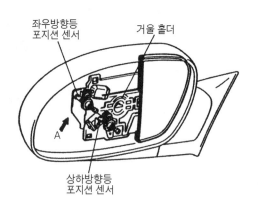

좌우방향등
포지션 센서

거울 홀더

A

상하방향등
포지션 센서

🔺 그림5-27 미러용 센서의 구조

출용 센서에도 주로 포텐쇼미터(가변 저항) 방식이나 홀-소자 방식을 사용하고 있다.

미러의 틸트(tilt)각도를 검출하는 센서는 좌우 방향을 감지하는 좌우 방향 포지션 센서와 상하 방향을 감지하는 상하 방향 포지션 센서가 있다. 이 센서는 피벗 스크류(pivot screw) 축에 영구 자석이 붙어 있어서 모터가 회전을 하게 되면 웜-기어에 의해 피벗 스크류가 이동을 하게 되면 이때 홀 소자는 자계의 세기에 따라 전압 값이 변화 하는 홀-소자에 의해 미러의 틸트 위치를 검출 할 수 있는 구조를 가지고 있다.

그림 (5-28)은 미러의 포지션 센서의 출력 특성을 나타낸 것으로 틸트(tilt)의 중립 위치를 기준으로 전압 값이 증감하고 있는 것을 볼 수 있고 그래프에 나타낸 사선은 실제 미러가 움직일 때 틸트(tilt)의 위치에 따른 출력 전압 범위를 나타낸 미러 포지션 센서의 출력 특성도이다.

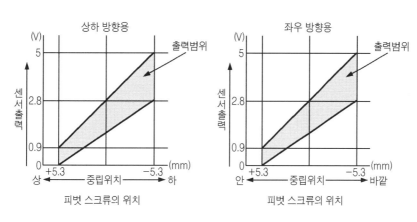

🔺 그림5-28 미러 포지션 센서의 출력 특성도

🔺 사진5-19 미러 컨트롤 유닛

06

회전수를
감지하는 센서

자동차용센서

6 CHAPTER

회전수를 감지하는 센서

 **회전수를 검출하는 센서의 종류**

1. 회전수를 검출하는 센서의 구분

자동차 엔진의 구동력은 피스톤의 왕복 운동을 크랭크 샤프트(crank shaft)의 회전 운동을 통해 차륜에 구동력을 전달하는 기계 장치의 메커니즘으로 이들 기계 장치의 메커니즘을 제어하기 위하여는 기계의 회전 요소 중 제어 요소에 필요한 회전수를 정확히 검출하는 것이 무엇보다 중요하다 하겠다. 자동차의 회전체는 대부분 금속으로 이루어져 있어 철의 자성 변화를 통해 회전수를 검출하는 방식을 많이 사용하고 있다. 즉 철은 강자성체이므로 쉽게 자화되어 센서의 거리나 위치에 따라 자속 밀도의 변화를 검출하는 방식을 많이 응용하고 있다.

🔺 사진6-1 홀 효과식 크랭크각 센서

🔺 사진6-2 광전식 크랭크각 센서

129

이와 같이 자속 밀도의 변화를 검출하는 방식으로는 표 (6-1)과 같이 유도 작용을 이용한 회전수 검출 센서와 홀 효과를 이용한 회전수 검출 센서를 예를 들 수 있다. 또한 회전체의 회전수를 검출하는 센서로 빛을 이용하는 방법이 있는데 빛을 이용하여 회전수를 검출하게 되면 전기적인 잡음(noise)에 영향을 받지 않는 다는 장점이 있어 잡음에 민감한 부위의 회전수 검출에 좋다.

[표6-1] 회전수를 검출하는 센서의 구분

구 분	검출 원리	대표적인 예
자기의 변화 검출	리드 스위치를 이용한 센서	차속 센서
	전자 유도를 이용한 센서	휠-스피드 센서
	홀 효과를 이용한 센서	크랭크각 센서
	자기 저항을 이용한 센서	크랭크각 센서
광의 변화 검출	광전 효과를 이용한 센서	크랭크각 센서

2 회전수를 검출하는 센서

1. 리드 스위치를 이용한 차속센서

(1) 외장형 차속 센서

차속 신호는 운전자에 차속을 나타내는 스피드 메터의 입력 신호용 뿐만 아니라 전자 제어 엔진의 연료 분사 제어의 입력 정보로도 사용되며 또한 자동 변속기의 변속 제어 ABS(Anti lock Brake System)의 슬립율 제어 등에도 입력 신호용으로 사용되어 지는 중요한 센서이다. 차속 센서는 변속기의 드라이브 기어와 메터 판넬 사이에 차속 케이블로 연결된 외장형 차속 방식과 차속 센서가 메터 판넬에 직접 연결된 계기판 내장형이 사용되고 있지만 이들 방식은 스피드 케이블(speed cable)을 사용되고 있어서 엔진으로부터 장착성 및 주변 부품의 정비성에 의한 간섭 등의 단점을 가지고 있어 스피드 케이블 대신 와이어(전선)를 이용하는 방식으로 변화 되고 있는 추세이다. 그러나 스피드 케이블을 이용한 리드 스위치 방식의 차속 센서는 구조가 간단하고 가격이 저렴하여 현재에도 많이 사용되고 있는 방식이기도 하다.

사진6-3 변속기의 드라이브 기어

사진6-4 외장형 차속센서

리드 스위치를 이용한 차속 센서의 구조를 살펴보면 그림 (6-1)과 같이 스피드 케이블과 연동해서 회전하는 원통형 자석과 리드 스위치로 구성 되어 있다. 이 리드 스위치는 작은 불활성 가스의 유리관 안에 강자성체(자화가 잘되는 물체)의 리드 2매를 넣어 밀봉하여 둔 일종의 스위치이다.

이렇게 유리관 안에 넣은 리드는 원통형 자석이 드라이브 기어의 회전에 따라 자석이 회전을 하면 2매의 리드가 서로 상이한 자극으로 자화되면 흡인되어 리드는 붙게(ON)되고 서로 상이하지 않은 자극으로 자화되면 리드는 탄성력에 의해 떨어지는(OFF) 것을 이용한 것이 리드 스위치 방식의 차속 센서이다.

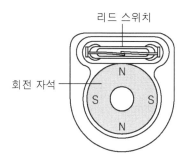

그림6-1 차속센서의 구조

[2] 내장형 차속 센서

차속 센서(speed sensor)는 메터 판넬(meter panal) 내부에 그림 (6-2)와 같이 내장되어 있는 방식이 있다.

동작 원리는 외장형과 동일하게 원통형의 회전 자석이 스피드 케이블에 의해 리드 스위치가 ON, OFF하는 방식으로 이 차속 센서의 원통형 자석은 자극은 4개(N극 → S극 → N극 → S극)로 되어 있어서 스피드 케이블이 1회전시 리드 스위치는 4

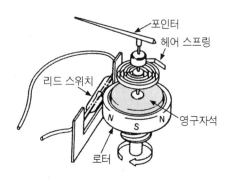

🔺 그림6-2 스위치식 차속센서

회 ON, OFF를 하게 되며 스피드 케이블의 회전수는 60km/h 시 637rpm으로 1초간은 10.617회(637/60초)회전하게 되므로 결국 1초간 리드 스위치는 10.617회 × 4번 = 42.47회 ON, OFF를 반복하게 되는 셈이다.

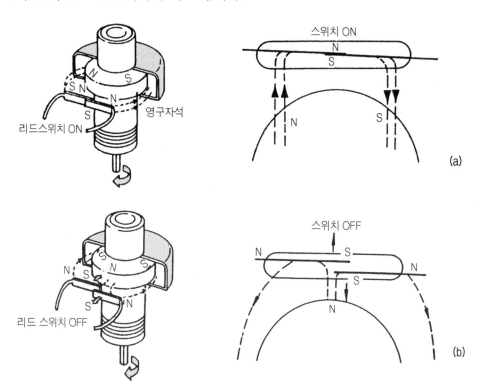

🔺 그림6-3 차속센서의 동작원리

이렇게 ON, OFF된 신호는 리드 스위치의 한쪽 끝에 12V 전원을 연결하면 결국은 그림 (6-4)와 같은 1초에 42.47회 ON, OFF를 반복하는 구형파를 출력하게 되어 차속 신호의 정보로서 이용된다.

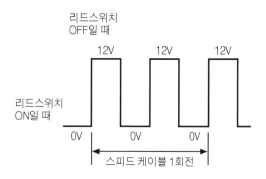

그림6-4 차속신호 전압파형

2. 전자 유도 작용을 이용한 센서

[1] 내장형 크랭크 각 센서

그림 (6-5)는 디스트리뷰터(distributor)내에 내장된 마그네틱 픽업 방식의 크랭크 각 센서의 구조도를 나타낸 것으로 이 센서는 디스트리뷰터 내부에는 시그널 로터(signal rotor)와, 영구 자석, 픽업 코일로 구성 되어 있어서 엔진이 회전에 따라 전자 유도 작용에 의해 교류신호를 출력하여 전자 제어 엔진 시스템에 연료 분사 제어를 하기 위한 입력 정보용으로 사용하고 있는 센서이다.

동작 원리를 살펴보면 그림 (6-6)과 같이 엔진이 회전에 의해 디스트리뷰터 내의 시그널 로터가 회전

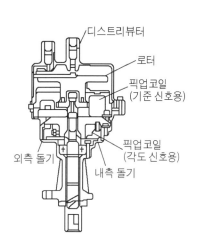

그림6-5 크랭크각 센서(내장형)

을 하게 되면 영구 자석에 의해 로터 주위에 돌기부와 자로를 형성하여 자력선이 이동하게 되는데 이때 자력선이 가장 잘 통과하는 자로는 돌기부와 자석이 극이 가장 가까운 그림 (6-6)의 (b)번 그림이 되며 자력선이 통과 량은 그림 (6-7)과 최대가 되는 반면 픽업

코일에서 출력 되는 교류 전압은 최소가 된다. 이것은 전자 유도 현상에 의한 것으로 전자 유도 현상은 픽업 코일은 자속의 변화를 받아 이 변화에 비례하여 방해 하는 방향으로 기전력이 발생하기 때문이다.

따라서 그림 (6-6)의 (a)번과 같이 시그널 로터 돌기부와 영구 자석이 극이 비켜 나가는 경우 자석으로부터 로터로 자력선의 통과량은 작아지지만 자속의 변화량에 방해하는 방향으로 픽업 코일에 유도 기전력은 최대로 발생하게 되어 출력 전압은 최대로 된다.

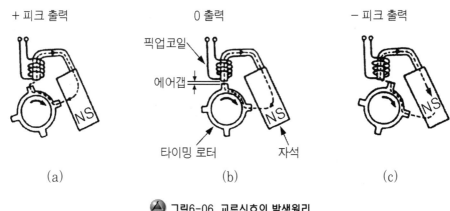

그림6-06 교류신호의 발생원리

시그널 로터와 영구 자석이 극이 그림 (6-6)의 (c)번 위치에 오는 경우는 자력선의 통과량은 작지만 픽업 코일에 유도되는 유도 기전력은 자속의 변화하는 방향과 반대로 유도 기전력이 픽업 코일에 유기되기 때문에 전압 극성은 그림 (6-7)의 ③번과 같이 −기전력이 발생하게 된다.

크랭각 센서에서 발생된 출력은 시그널 로터의 돌기가 몇 개 인지를 알 면 로터의 회전각을 알 수 있는데 예를 들어 로터의 돌기가 48개 이면 디스트리뷰터의 1회전 당 48개의 펄스(360° × 2/돌기 수)가 발생하기 때문에 돌기 하나당 15°를 검출 할 수 있는 셈이 된다.

이렇게 반복하여 발생 되는 교류 신호는 자속의 세기와 속도에 비례하여 발생되기 때문에 시그널 로터의 회전속이 빨라지면 빨라질수록 픽업 코일에 유도 기전력은 그 만큼 증가하여 교류 신호는 출력하게 된다.

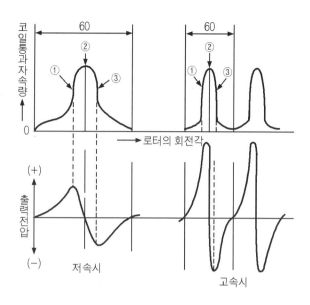

🔺 그림6-7 출력 신호 파형

(2) 외장형 크랭크 각 센서

CAS(크랭크 각 센서)는 엔진의 회전수 및 크랭크 샤프트의 위치를 검출하여 연료 분사 제어 및 점화시기 제어를 하기 위한 ECU의 입력 정보로 외장형 크랭크 각 센서의 구조도 내장형 마찬가지로 중앙에 코어를 두고 코어의 끝에 영구 자석을 놓아 코어가 자화되도록 하고 코어에 코일을 감아 만든 것으로 크랭크 축의 턴-휠에 돌기의 수를 검출하여 크랭크 각 및 엔진의 회전수를 검출하도록 하고 있다.

🔺 사진6-5 엔진 블록

🔺 사진6-6 CAS센서

　이곳에 사용되는 CAS(crank angle sensor)는 총 58개의 돌기와 1번 실린더를 식별하기 위해 그림 (6-8)과 같이 2개의 긴 에어 갭(air gap)을 가지고 있어 크랭크 샤프트가 1회전하면 58개의 교류 펄스 신호와 2개의 교류 펄스 신호를 출력하게 되어 있다. 즉 돌기 하나에 돌기에 하나의 교류 펄스 신호가 발생하게 되는 것이다.

　실린더를 식별하는 2개의 긴 에어 갭(air gap)은 자속의 변화를 크게 주게 되므로 픽업 코일에 유기 되는 기전력 또한 진폭은 크게 되어 1번 실린더를 식별 할 수 있게 하고 있다.

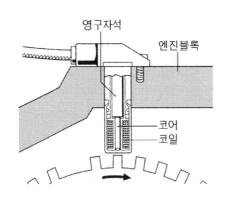
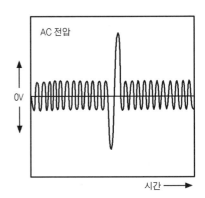

그림6-8 마그네틱 픽업식 크랭크각 센서

[3] 휠-스피드 센서

　자동차의 기본 기능은 주행, 선회, 정지의 3개지 요소를 들 수 있는 데 이 중 정지는 차량의 휠을 고정 시키므로 노면과 타이어의 마찰력을 증가 시켜 차량의 속도를 감속하도록 한 것이 브레이크 장치이다.

　그러나 이 브레이크 장치는 휠을 고정시켜 마찰력을 증가 시키고 있기 때문에 휠이 고정되면 휠이 고정된 위치에 따라 차량이 중심이 이동하게 되어 차량은 선회 하려는 힘

사진6-7 장착된 휠 스피드 센서

이 발생되고 제동시 차량의 자세 안전성은 현저히 저하하게 되어 운전자의 의지대로 조향

은 되지 않는다. 이와 같은 안전성을 확보하기 위해 제동시 타이어의 스립율(slip rate)을 조절하기 위해 그림 (6-9)와 같이 4개의 바퀴에 속도를 감지하여 휠 스피드의 정보를 ABS ECU에 입력하고 이 신호를 바탕으로 ABS ECU는 액추에이터(actuator)에 명령하여 브레이크의 유압을 제어하고 있는 센서가 휠-스피드 센서이다.

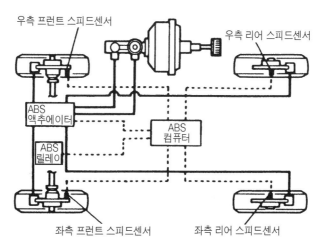

그림6-9 ABS시스템 구성도

마그네틱 픽업 방식의 휠-스피드 센서의 구조는 크랭크 각 센서의 구조와 유사하며 발생되는 출력 전압 또한 전자 유도 작용에 의한 교류 신호 전압이 그림 (6-11)과 같이 교류 신호 전압이 출력되게 되며 휠 허브의 속도에 비례하여 출력 전압은 증가하게 돼 속도가 증가하면 교류 신호 전압의 진폭이 증가하고 주기는 감소하는 전자 유도 방식의 센서이다.

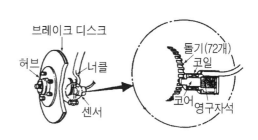

그림6-10 휠 스피드센서

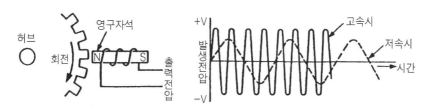

그림6-11 휠 스피드 센서의 출력 전압

[4] 펄스 제너레이터

펄스 제너레이터(pulse generator)는 오토-트랜스미션(auto transmission) 상부에 2개의 펄스 제너레이터가 장착되어 있으며 보통 펄스 제너레이터 A는 킥-다운 드럼(kick down drum)의 회전수를 검출하고 펄스 제너레이터 B는 트랜스퍼 드리븐 기어 (transfer driven gear)의 회전수를 검출하는 센서로 구조와 형태 및 사양은 동일하다. 이 두개의 신호의 비를 TCU(Transmission Control Unit)는 연산하여 필요한 변속단 을 산출하여 변속하도록 각 솔레노이드 밸브에 명령하고 있다. 또한 펄스 제너레이터 B는 차속을 산출하는 센서로 사용하고 있기도 하다.

🔺 사진6-8 펄스 제너레이터

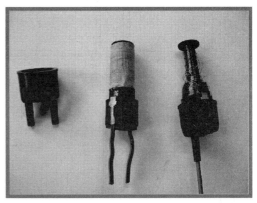

🔺 사진6-9 PG 구성부품

이와 같은 펄스 제너레이터도 그 근본 구조 는 마그네틱 픽업방식의 크랭크 각 센서와 동 일하며 동작 원리 또한 전자 유도 작용에 의 해 유도 기전력을 얻고 있는 센서이다. 이 마 그네틱 픽업 방식의 센서는 자속의 변화에 따 라 출력 신호 값이 달라지게 되므로 점검시 주의해야 할 점은 픽업의 폴(pole)과 기어 (gear)의 돌기 부의 간극이 대단히 중요하므

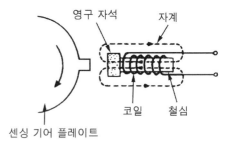

🔺 그림 6-12 펄스 제너레이터의 구조

로 점검시 주의를 요하는 항목 중에 하나이다. 또한 마그네틱 픽업에 의한 센서의 출력 전 압은 대부분 작은 신호 전압을 가지고 있어 일반 멀티 테스터로 출력 전압을 점검하기란

쉽지 않다 따라서 이러한 센서의 출력 신호 전압 점검은 스코프(scope)를 사용하여 측정하여야 정확한 측정값을 얻을 수 있다.

[5] 인젝션 펌프의 회전수 감지 센서

디젤 엔진(diesel engine)에 사용되는 인젝션 펌프(분사 펌프)에 사진 (6-10)과 같이 마그네틱 픽업 방식의 회전수 감지 센서를 설치하여 디젤 엔진 차량에 엔진 회전수를 검출하여 계기판의 타코 메터(tacho-meter)의 입력 신호용으로 사용되고 있다.

동작 원리는 마그네틱 픽업 방식의 크랭크 각 센서와 동일한 전자 유도 작용에 의해 교류 유도 기전력이 발생되므로 타코 메터의 지침이 구동 될 수 있도록 출력 신호 전압을 증폭하여 사용하고 있는 센서이다.

🔺 사진6-10 분사펌프의 회전수 감지 센서

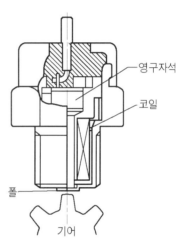

🔺 그림 6-13 분사펌프회전센서

영구자석
코일
폴
기어

3. 홀 효과를 이용한 센서

[1] 홀-효과

홀-효과(hall effect)는 자속의 영향을 받아 전기적인 특성 변화를 일으키는 실리콘(Si), 인듐-안티몬(InSb), 인듐-비소(InAs)와 같은 홀 정수가 큰 반도체를 이용하여 여러 가지 용도에 활용하고 있다. 홀 효과의 원리는 그림 (6-14)와 같이 홀 정수가 큰 반도체에 전압을 걸어 전류를 흘리고 이 전류와 직각 방향으로 자계를 가하면 반도체 내에 전

기 전도의 역할을 하는 전자와 정공은 자계의 영향을 받아 기울기가 생기게 되며 이 때 반
도체 내에 전자의 밀도는 한쪽으로 치우쳐 전계의 세기가 달라지게 된다. 즉 반도체 내에
는 자계 방향과 직각으로 전위차가 발생하게 되는 현상을 홀-효과라 한다.

▲ 사진6-11 홀 센서방식의 VSS

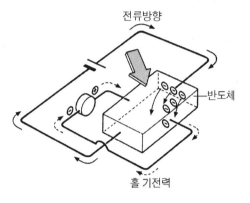

▲ 그림 6-14 홀 효과의 원리

이렇게 발생된 홀 전압은 흐르는 전류와 자속 밀도에 비례하게 되므로 홀-전압 Vh는
C(I × B)/ d로 나타나게 되며 여기서 C는 홀 계수를 나타내고, B는 자속 밀도(wb/㎡),
d는 반도체의 두께를 나타낸다. 이러한 홀 효과를 이용하여 자속의 밀도를 측정 할 수 있
는 가우스 메터, 고압을 전송하는 송전선의 전력을 측정하는 고압용 전력계, 송신소이 고
주파 도파관에 고주파 전력을 측정하는데 이용 할 뿐만 아니라 기계의 회전수를 감지하는
센서로 사용되고 있다. 또한 자동차용으로 사용하는 센서로는 일반적으로 차속을 감지하
는 스피드 센서, 크랭크 각을 검출하는 크랭각 센서 등에 널리 활용하고 있다.

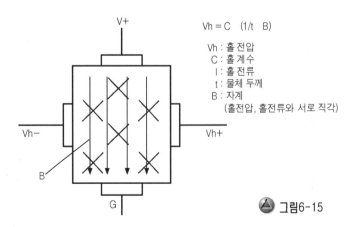

▲ 그림6-15

[2] 홀-효과를 이용한 소자의 종류

홀-효과를 이용한 소자는 여러 가지 종류로 나누어지는데 화합물 반도체를 이용한 홀-소자와 홀 소자를 IC(집적화)화 한 홀-IC 소자 및 자기 작용에 의한 스위칭 소자로 홀 트랜지스터 소자를 들 수 있으며 또한 자기 저항 효과를 이용한 자기 저항(MR)이 있다.

이와 같은 홀-소자의 출력 전압은 온도에 의해 영향을 크게 받기 때문에 실제 홀-소자를 이용 할 경우에는 온도에 대한 보상회로를 고려하여 이용하여야 한다.

홀 소자의 종류	온 도 특 성	전자이동도 [cm²/V/s]	금지대 폭 [eV]
InSb(인듐안티몬)	정전류 구동에서 −2%/℃ 정전압 구동에서 −0.2%/℃ (사용온도범위 −20℃~+100℃(80℃))	78000	0.17
InAs(인듐비소)	정전류 구동에서 −0.1%/℃ (사용온도범위 −30℃~+100℃)	33000	0.36
GaAs(갈륨비소)	정전류 구동에서 −0.06%/℃ 정전압 구동에서 −0.3%/℃ (사용온도범위 −55℃~+125℃)	8500	1.43

[표6-1] 미터의 종류와 특징

[3] 홀-소자의 바이어스 회로

그림 (6-16)의 회로는 홀-소자의 정전류 바이어스 회로를 나타낸 것으로 회로를 살펴보면 트랜지스터 베이스측에 제너 다이오드를 연결하여 베이스 전압을 일정하게 유지하도록 하면 홀-소자에 흐르는 홀-전류를 일정히 유지 할 수 있는 데 여기에 흐르는 전류는 그림 (6-17)과 같이 약 10(㎃) 정도에서 주위의 온도가 변화하여도 홀-전류는 일정하게 유지할 수가 있어 안정적인 반면에 이 같은 방법은 홀-소자의 자기 저항 효과를 억제하는 작용을 하기 때문에 설계시 사용 목적에 따라 고려하지 않으면 안되는 단점이 있다.

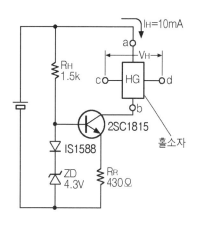

그림6-16 정전류 바이어스 회로

이러한 단점을 보완하기 위해 그림 (6-18)과 같이 트랜지스터의 정전압 바이어스 회로의 입력 단에 OP-AMP를 사용하여 베이스 전류를 흘려주면 이미터 측의 홀-소자의 전류를 주위의 온도에 변화에 의한 홀-전류의 변화를 억제 할 수 있다. 한편 이미터 전압에 의해 OP-AMP의 입력측으로 부궤환을 걸고 있어 트랜지스터를 이용한 정전압 바이어스 회로보다 안정적이다.

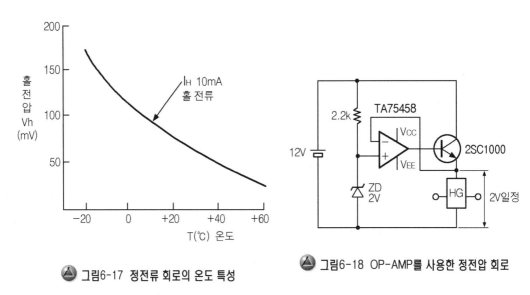

🔺 그림6-17 정전류 회로의 온도 특성　　🔺 그림6-18 OP-AMP를 사용한 정전압 회로

[4] 자기 저항 소자

자기 저항 소자는 금속으로 강자성체를 이용한 퍼말로이(Ni-Fe), 니켈-코발트(Ni-Co) 등이 이용되고 있으며 화합물 반도체로는 인듐 안티몬(InSb), 갈륨비소(GaAs) 등을 이용하고 있다. 자기 저항 소자는 자계의 세기에 따라 전기 전도율이 달라지는 것을 이용하여 센서 및 온도 보상회로 등에 이용하고 있다.

자기 저항 소자는 실제 자계에 의한 전기 전도율은 대단히 작기 때문에 자기 저항 소자 자체로는 사용 할 수 없어 일반적으로 이득이 높은 OP-AMP(연산 증폭기)를 사용하여 출력 값을 증폭하여 사용하고 있다.

그림 (6-19)는 자기 저항 소자의 등가 회로를 나타낸 것으로 저항 회로 양단에 정전압을 공급하고 저항 양단에 발생 되는 전압 강하를 이용하고 있어서 자기식 전위차계(potention meter)로 많이 활용하고 있다.

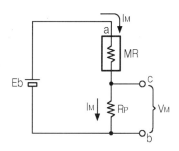

(a) 1개인 자기저항 소자

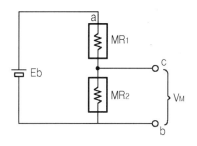

(b) 2개인 자기저항 소자

$$V_M = I_M \cdot R_r$$

$$V_M = \frac{R_P}{R_P + R_M} \cdot E_b = I_M \cdot R_P$$

$$I_M = \frac{E_b}{(R_P + R_M)}$$

🔺 그림6-19 자기 저항 소자의 등가회로

[5] 차속 센서

차속 센서에는 리드 스위치를 이용한 스위치 형식의 차속 센서와 홀 효과를 이용한 홀 센서방식이 주로 사용되는데 홀 센서 방식의 내부구조는 자력선이 관통 할 수 있는 슬롯(slot)판과 자석, 그리고 홀-센서로 구성 되어 있다. 자력선이 관통하는 슬롯(slot)판은 스피드 케이블과 연동하여 회전하게 되어 있어 차속에 따라 슬롯(slot)판이 회전하면 슬롯판의 구멍을

🔺 사진6-12 홀 센서 방식의 차속센서

통해 홀-소자는 자계를 검출하도록 되어 있는 센서이다. 리드 스위치 방식의 차속센서는 리드 스위치와 와이어(wire)가 연결 되어 있어서 커넥터의 와이어는 2선으로 되어 있으나 홀-센서 방식의 차속 센서는 전원을 공급해 주는 전원선과 센서 신호가 출력되는 출력 신호선, 그리고 어스 선이 와이어가 연결되어 있어서 보통 3선으로 되어 있어 쉽게 리드 스위치 방식과 구별이 가능하다.

차속 센서에는 자석에 발생되는 자기의 세기에 따라 저항 값이 변화하는 자기 저항 소자(MRE : Magnetic Resistance Element)를 이용해 회전수를 검출하는 차속 센서가 있는 데 이 센서는 자기 변화를 직접 검출하기 위해 트랜스미션 본체에 직접 장착하여 사용하기 때문에 기존의 차속 센서와 달리 스피드 케이블(speed cable)이 없다는 것이 최대 장점이다.

이 센서는 그림 (6-20)과 같이 원형판의 자석이 변속기의 기어에 의해 회전함에 따라 자석 원형판이 회전을 하면 이 원형판 가까이에 있는 MRE(자기 저항 소자)의 저항값은 변화하여 이 변화된 저항 값은 전압 값으로 치환하여 OP-AMP(연산 증폭기)를 통해 증폭하여 스피드 메터 및 ECU(컴퓨터)로 입력 정보로 이용하고 있다. 또한 스피드 메터 내에 내장된 내장형 차속 센서로 MRE(자기 저항 소자)를 이용한 센서 도 사용되고 있는데 구조와 원리는 외장형과 동일하다.

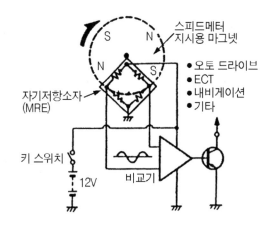

🔺 그림6-20 자기저항 소자식 차속센서

(6) 크랭크 각 센서

MRE(자기 저항 소자) 방식의 홀 센서의 사용 목적은 마그네틱 픽업 방식의 크랭크 각 센서와 마찬가지로 크랭크 샤프트의 각도 검출은 물론이고 엔진의 회전수를 검출하여 엔진 ECU(컴퓨터)로부터 연료 펌프의 구동 전압의 공급은 물론 연료 분사 및 점화 시기의 제어를 할 목적으로 사용되는 중요한 센서이다. 따라서 이 센서가 문제가 발생되면 시동 불능 상태로 이어진다.

이 크랭크 각 센서는 그림 (6-21)과 같이 원통형 자석이 캠 축의 회전에 따라 회전하며
MRE(자기 저항 소자)에 의해 회전 신호 검출하는 방식과 그림 (6-22)와 같이 자석은
고정되어 있는 상태에서 크랭크 축이 기어 이(돌기)의 회전에 따라 자력선이 변화하는 것
을 검출하는 MRE(자기 저항 소자) 방식이 있는 데 그 원리는 동일하다.

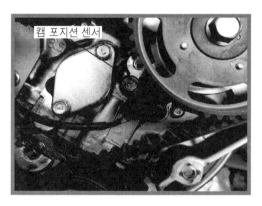

사진6-13 장착된 CPS

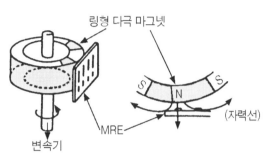

그림6-21 MRE형 크랭크각 센서

그림 (6-22)의 회로를 살펴보면 2개의 MRE(자기 저항 소자)의 저항 변화에 따라
OP-AMP의 입력 회로의 평형이 깨지게 되어 이 전압은 비반전 입력단자의 기준 전압에
비교하여 그 차이 만큼 전압은 출력하게 된다. 여기에 공급되는 전원은 정전압 전원으로
ECU의 내부 정전압 회로에 의해 공급되어 지고 있으며 제너 다이오드를 통해 온도 보상
을 하고 있다.

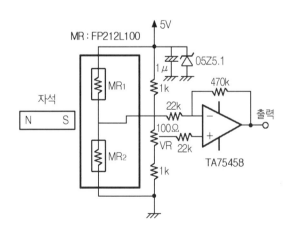

그림6-22 MRE방식의 크랭크 각 센서 회로

[7] 페이즈 센서

페이즈 센서(phase sensor)는 사진 (6-14)와 같이 디스트리뷰터 내에 내장 되어 엔진의 해당 실린더의 점화 순서 및 점화 순서의 기통 식별을 하기 위해 캠 샤프트(cam shaft)의 위치를 검출하는 센서로 홀 IC 방식에 의해 캠 샤프트의 위치를 검출하여 이 입력 정보를 엔진 ECU에 입력하고 있다.

△ 사진6-14 페이즈센서

엔진 ECU는 이 신호를 받아 캠 샤프트의 위치를 판독하고 그림 (6-23)과 같이 각 실린더에 점화시기를 결정하게 된다.

페이즈 센서의 출력은 크랭크 샤프트 2회전당 1번에 신호를 출력하여 크랭크 각 센서와 같이 1번 실린더의 위치를 검출하며 크랭크 각 센서는 크랭크 축이 1회전당 1번에 신호를 출력한다.

(a) 점화 2차 전압신호

(b) 크랭크 각 센서 신호

(c) CAM 샤프트 홀 센서 신호

△ 그림6-23 크랭크각 신호에 의한 점화 2차전압

실제 엔진 ECU는 크랭크 각 센서 신호로 만으로도 1번 실린더의 위치를 검출 할 수 있지만 크랭크 각 센서의 신호 만으로는 1번 실린더가 압축 행정인지 배기 행정인지를 판단할 수 없기 때문에 엔진 ECU는 크랭크 각 센서와 페이즈 센서를 가지고 1번 실린더가 압축 상사점에 와 있는지 배기 상사점에 와 있는지를 판별하여 점화 시기 그림 (6-23)과 같이 출력하게 된다.

이 페이즈(phase) 센서는 크랭크 각 센서가 이상이 발생하였을 때 엔진 회전수(rpm) 신호로도 사용되는 센서이다. 페이즈 센서의 구조는 홀 소자 방식의 크랭크 각 센서와 동일하나 홀 소자 대신 홀 IC를 사용하고 있다.는 점이 다르다 그림 (6-24)는 홀 IC의 내부 구성도를 나타 낸 스위칭 회로도이며 정전압 회로와 OP-AMP 입력단에 홀 소자를 연결하고 출력단에는 스미트 트리거 회로를 연결한 홀 IC의 내부 구성도 이다.

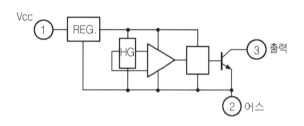

🔺 그림6-24 홀 IC의 내부 구성도

4. 광전 효과를 이용한 센서

[1] 광전 효과

빛 에너지를 전기 에너지로, 전기 에너지를 빛 에너지로 변환 되는 현상을 우리는 광전 효과라 하는 데 이러한 광전 효과를 갖는 대표적인 광전 변환 소자로는 LED(발광 다이오드)와 포토 다이오드를 예를 들 수가 있다.

그림 (6-25)는 포토 다이오드의 구조를 나타낸 것으로 PN 접합 다이오드에 산화 실리콘인 절연층을 형성하여 이 곳을 통해 전극을 접속하여 바이어스 전압을 공급하도록 만든 것이다. 이들 광전 변환 소자에는 빛을 조사하면 정공과 전자대가 생겨 저항이 감소하는 광도전 소자, 그림 (6-25)와 같이 PN 접합에 빛을 조사하면 금지대에 있던 정공과 전자가 전 이 들 광전 변환 소자에는 빛을 조사하면 정공과 전자대가 생겨 저항이 감소하는 광

도대로 이동하여 광전류 발생하는 포토 다이오드, 포토 트랜지스터 등이 있다.

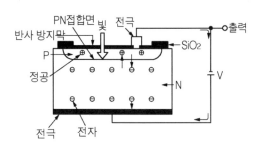

그림6-25 포토 다이오드이 구조

그림 (6-26)은 포토 다이오드의 기본 회로를 나타 낸 것으로 포토 다이오드는 빛에 의해 자체 기전력을 가지고 있어 별도의 전원 없이도 포토 다이이드 자체 만으로 회로를 구성 할 수 있지만 포토 다이오드의 출력 전류는 대단히 미약해 보통은 역 방향 바이어스 전압을 걸어 사용하고 있다. 이렇게 역 방향 바이어스 전압을 걸면 PN접합 다이오드의 접합 용량이 적어지기 때문에 포토 다이오드의 응답 특성을 향상 시킬 수 있기 때문이다.

그림 (6-27)은 포토 다이오드의 출력 단자 개방시 출력 특성을 나타낸 것으로 빛의 조사량에 따라 출력은 거의 직선적인 특성을 나타내고 있으나 온도에 의한 출력 변화가 크다는 것을 단점으로 들 수가 있다.

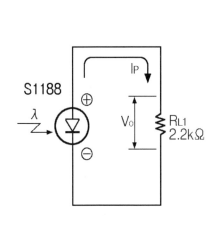

그림6-26 포토다이오드 회로

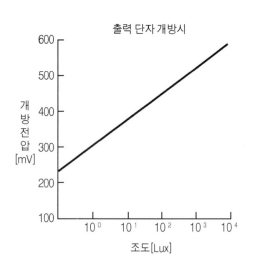

그림6-27 포토 다이오드의 출력 특성

따라서 포토 다이오드나 포토 트랜지스터는 광전 변환 소자로 외부의 전기적인 노이즈 (잡음)에는 강하나 온도 변화에는 약하다는 단점 때문에 회로 설계시 별도의 온도을 보상 하는 조치가 필요하다. 그림(6-28) 및 (6-29)는 포토 다이오드와 포토 TR의 표적인 증 폭 회로를 나타 낸 것이다.

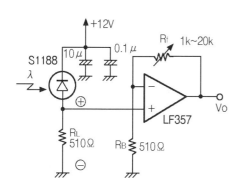

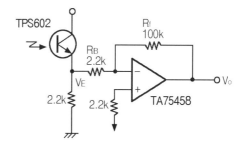

△ 그림6-28 포토 다이오드의 증폭 회로　　　△ 그림6-29 포토 TR의 증폭 회로

[2] 크랭크 각 센서

광전식 크랭크 각 센서는 그림 (6-30)의 내부에 그림 (6-31)과 같이 빛을 차단하는 원형 슬롯 (slot)판과 빛을 검출 하는 포토 커플러(포토 다이 오드와 포토 TR), 그리고 검출 신호를 증폭하는 증 폭 회로로 구성되어 있다.

빛을 차단하는 원형 슬롯(slot)판 주위에는 빛을 통과 되도록 90° 간격으로 슬릿(slit) 구멍이 나 있어 빛에 의해 크랭크 각을 검출 하도록 하고 있 고 그 안쪽으로는 1개의 슬릿(slit)구멍이 나 있어

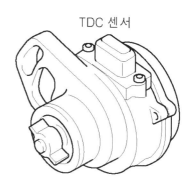

TDC 센서

△ 그림 6-30 CAS형태

빛에 의해 1번 실린더의 TDC(Top Dead Center) 값을 식별할 수 있도록 하고 있다. 이 슬롯(slot)판은 디스트리뷰터(배전기) 내에 디스트리뷰터의 축과 고정 되어 있어 엔 진이 회전하면 이 슬롯(slot)판은 회전하게 되며 슬릿(slit)의 구멍을 통해 LED(발광 다이오드)에서 발생되는 빛을 포토 트랜지스터가 검출하도록 하여 이 신호를 증폭하여

149

출력되는 신호는 디지털 신호로 출력하게 만든 것이다. 이 곳에 사용되는 슬롯(slot)판
은 사진(6-15)와 같이 자동차의 메이커와 차종에 따라 다르나 신호를 검출하는 원리는
동일하다.

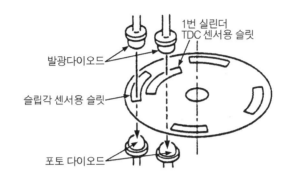

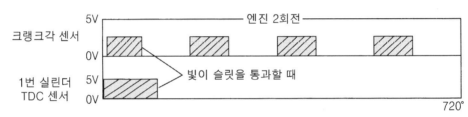

🔺 그림6-31 광학식 크랭크각 센서의 동작원리

🔺 사진6-15 광전식 슬롯판

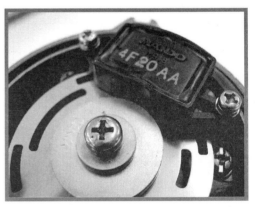

🔺 사진6-16 광전식 CAS센서

이렇게 검출한 포토 다이오드나 포토 트랜지스터는 빛에 의해 광전류가 변화하게 되어
이 광전류를 값을 그림 (6-32)와 같이 연산 증폭기를 통해 증폭하여 디지털 신호를 얻거

나 그림 (6-33)과 같이 트랜지스터의 스위칭 회로를 이용하여 디지털 신호를 얻어 ECU에 입력하고 있다.

이렇게 입력 된 디지털 신호는 엔진의 회전수를 연산하는 기준 신호 및 점화시기를 결정하는 데 사용하며 TDC를 검출하는 신호는 1번 실린더의 압축 상사점을 검출한다 하여 TDC(Top Dead Center) 센서라 부른다. 즉, 크랭크 각 센서에는 TDC 센서가 같이 내장되어 있는 셈이다.

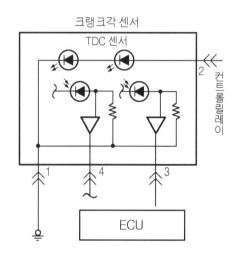

🔺 그림6-32 CAS의 내부 회로

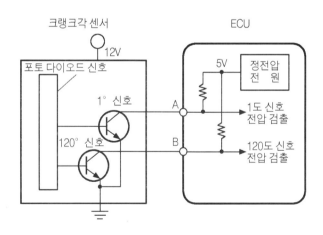

🔺 그림6-33 크랭크각 센서의 입력 신호 회로

실제 점화 시기의 판별은 ECU 내에 있는 ROM(Read Only Memory)에 기억 되어 있는 정보에 의해 이루어지지만 점화시기를 카운트(count)하기 위한 기준 신호는 크랭크 각 센서의 정보를 받아 진행하며 점화 시기의 결정은 크랭크 각 센서의 신호와 1기통의 TDC(상사점) 부근과 4기통 TDC(상사점) 부근에서 입력되어 지는 TDC 센서의 조합으로 실행하게 된다.

이와 같은 센서의 점검은 구형파 디지털 신호 값(5Vpp값)을 가지고 있어 스코프를 사용하여 점검하여야 정확한 점화시기를 확인할 수가 있다.

[3] 조향각 센서

차량이 선회시에는 차체는 바깥 방향으로 원심력이 작용하게 되는 데 이 때 차체는 그 원심력에서 보면 안쪽 방향으로 힘이 평형 상태가 되도록 선회 구심력이 작용하게 된다. 차량이 선회하게 되면 사람의 무게 중심 또한 같은 작용을 받아 조향 안전성이 떨어지게 되므로 이것을 제어하기 위한 장치가 TCS(Traction Control System)시스템이다.

이 TCS 시스템은 휠 스피드 센서로부터 차륜의 정보를 입력하여 슬립(slip)율 제어를 하게 되는 데 선회 시에는 조향각 센서의 신호를 받아 슬립(slip)율 제어를 구동력 제어로 할 것 인가 조향 안전성 제어를 할 것 인가를 판단하고 이 판단된 정보를 바탕으로 엔진 ECU에 정보를 전달하여 연료 분사량과 점화시기를 제어함으로 엔진 토크(engine torque)를 저하 시켜 목표 슬립(slip)율을 제어시키고 있다.

이 곳에 사용되는 조향각 센서는 그림 (6-34)와 같이 슬롯(slot) 원판에 3개의 포토 커플러가 있어서 그림 (6-35)와 같은 디지털 출력 전압을 얻을 수 있게 되어 있는 센서이다.

조향 핸들(steering)의 회전각은 ST1과 ST2의 각 쌍의 위상차가 90° 차를 가지고 있어 좌회전 각도 및 우회 전 각도를 계수 할 수 있게 되어 있다.

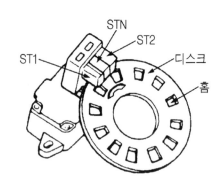

그림 6-34 조향각 센서

스티어링(steering)이 위치는 ST N을 기준으로 하여 스티어링이 정지시에는 ST 1, ST 2, ST N이 ON 상태가 되어 ECU는 정지 상태인 것을 판독하게 되고 좌회전 시에는 ST 1은 ON, ST 2는 OFF, ST N은 ON 상태

로 좌회전임을 판독하고, 우회전 시에는 ST 1은 OFF, ST 2는 ON, ST N은 OFF로 스
티어링이 우회전 상태 임을 판독하고 있다.

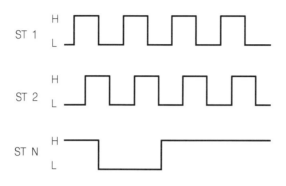

△ 그림6-35 조향각센서의 출력파형

07

가스농도를
감지하는 센서

7 CHAPTER

가스농도를 감지하는 센서

 가스 농도를 검출하는 센서의 종류

1. 가스 농도를 검출하는 센서의 구분

[1] 산소 센서의 종류

산소센서는 배출가스 중에 산소 농도를 검출하여 공연비의 상태가 농후한지 희박한지를 판단할 수 있도록 검출된 신호값을 엔진 ECU에 입력하여 이론 공연비 제어 및 피드백 (feed back)제어 할 수 있도록 정보를 전달하는 센서이다. 산소센서의 종류는 사용 용도에 따라 배출가스를 억제하기 위해 이론 공연비 영역을 제어하기 위한 산소 센서와 연비의 향상을 목적으로 전 영역을 검출하는 광대역 산소센서로 구분 할 수 있다. 또한 산소를 감지하는 전해질의 재료에 따라 지르코니아(ZrO_2) 고체 전해질을 사용한 지르코니아식 산소 센서와 티타니아(TiO_2) 고체 전해질을 사용한 티타니아식 산소센서를 들 수 있다.

🔺 사진7-1 엔진ECU 내부

🔺 사진7-2 산소 센서

　산소 센서의 제조 형태 별로 구분하면 골무형(thumble type)과 평면(planar)형으로 구분 할 수 있으며 골무형(thumble type)은 출력 전압이 비교적 안정적이고 산소 센서가 활성 후 성능 유지성이 좋아 일반적으로 많이 사용하고 있는 센서이다. 반면 평면형 (planar type)은 소형화가 가능하여 활성화 시간을 단축 할 수 있고 내장형 히터의 용량을 감소 할 수 있는 이점이 있어 현재 사용이 증가 추세에 있는 센서이다.

> ★ **전해질** : 물체에 전류를 흘렸을 때 전류가 잘 흐름과 동시에 화학 변화를 일으키는 물질을 전해질이라 하며 예를 들면 소금이 물에 녹는 경우 NaCl(염화나트륨)은 NaCl과 같은 분자로 존재 하지 않고 나트륨의 양이온과 염소인 음이온으로 전리 되는 물질을 말하며 따라서 이와 같은 물질에 전류를 흘리면 전류가 잘 흐르게 된다.

[2] 촉매 장치

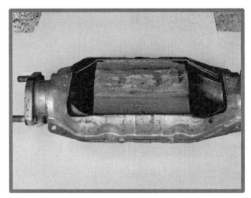

🔺 사진7-3 배기관에 장착된 산소센서　　　🔺 사진7-4 삼원 촉매 장치

　삼원 촉매 장치는 자동차에서 배출되는 유해 가스를 정화하기 위해 그림 (7-1)과 같이 이론 공연비 영역에서 일산화탄소(CO), 탄화수소(HC)는 산화 되고 질소 산화물(NOx)는 환원이 되어 배출 가스는 인체에 무해한 CO_2, H_2O, O_2 , N_2 성분으로 변환하는 역할을 하는 장치이다.

　그림 (7-1) 특성 곡선에서 이론 공연비 보다 희박(lean)하게 되면 질소 산화물(NOx) 성분의 정화율이 떨어져 그대로 대기중으로 배출되는 양이 증가 하게 되고 농후(rich)하게 되면 일산화탄소(CO)와 탄화수소(HC)의 정화율이 떨어져 결과적으로 배출 가스 성분 중에는 일산화탄소(CO)와 탄화수소(HC)는 증가하게 된다. 따라서 삼원 촉매를 효과적으로 사용하여 배출 가스의 정화 효율을 올리기 위해서는 이론 공연비 영역 범위 안에서 유지하도록 하는 것이 무엇보다도 중요하다. 그러나 현실에서는 CO, HC, NOx 를 정화할 수 있는 범위는 극히 제한적이어서 삼원 촉매만으로는 정화하는데 한계가 있다.

결국 이론 공연비 안에서 제어하기 위해서는 산소 센서를 부착해 이론 공연비 제어를 하지 않으면 정화 효율은 현저히 감소하기 때문에 산소 센서를 통해 이론 공연비(제어

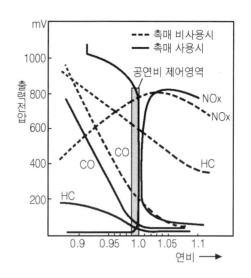

그림7-1 산소센서의 제어영역

범위)범위에 오도록 제어하고 촉매 장치를 이용해 무해가스가 배출 되도록 촉진하게 하고 있다.

이와 같이 가솔린 엔진에서 삼원 촉매 장치는 백금(Pt) 촉매를 사용하여 CO(일산화탄소)와 HC(탄화수소)를 산화시켜 CO_2 (이산화탄소) H_2O (수증기)로 산화 반응을 촉진시키고 NOx를 N_2 (질소)와 O_2 (산소)로 분해시키는 환원 반응을 촉진 시키는 작용을 하고 있다.

★ **촉매** : 촉매 작용이란 어떤 물질을 첨가해 화학 반응을 일으키면 자기 자신은 소모나 변화 되지 않으며 화학 반응 속도를 가속 시키는 작용을 말한다. 일종의 반응 촉진제라고 생각 할 수 있는데 이와 같이 촉매 작용을 일으키는 물질을 촉매(catalyst)라 하며 자동차의 촉매 장치는 인체의 유해 가스인 CO, HC, NOx를 백금(Pt) 촉매를 사용하여 CO_2 , H_2O , O_2 , N_2 의 성분으로 화학 변화하도록 촉진 시키는 역할을 하고 있다.

★ **산화와 환원** : 산화는 다른 물질과 산소가 화합하는 것을 말하고 환원은 산화물로부터 산소가 떨어져 나오는 것을 환원이라고 한다. 주위에 산소가 많이 있는 상태를 산화 분위기라 하고 산소가 부족한 상태를 환원 분위기라 한다. 디젤의 연소 과정에서 항상 산소가 과잉 상태에 있기 때문에 산화 분위기가 되지만 산화하기 어려운 질소가 산화해 질소 산화물이 발생하게 되며 반면 가솔린 엔진에서는 공기가 조금 부족 하기 때문에 환원 분위기가 되어 탄화수소(HC)와 일산화탄소(CO)가 발생하게 된다.

그러나 디젤 엔진의 경우 배출 가스에 포함된 유해 성분은 CO, HC, NOx는 물론이고 PM(입자상 물질)이 포함 되어 있어 가솔린 엔진 같은 삼원 촉매 장치로는 정화율이 떨어져 문제를 복잡하게 한다. 또한 가솔린 엔진에 도입된 린번-엔진(lean burn engine)용 흡장 환원형 삼원 촉매 장치도 디젤 엔진에서는 NOx를 정화하기 위해 연비를 농후하게 하면 흑연이 발생 돼 사용을 할 수가 없다.

따라서 최근에 도입 되고 있는 방식이 DPNR(Diesel Particulate Nox Reduction system)시스템으로 촉매의 구조는 그림 (7-2)와 같이 다공질 세라믹 필터에 질소 산화물 흡장 환원형 삼원 촉매 장치를 설치하고 있다. 질소 산화물의 정화는 가솔린 엔진과 같이 공연비를 희박할 때에는 NO가 촉매 상에서 NO_2로 산화시켜 흡장재와 반응해서 사산염 형태로 흡장시킨다.

공연비가 농후 할 때는 흡장재로부터 NOx를 방출하여 환원시켜(산소를 제거하여) 질소로 정화하고 있다.

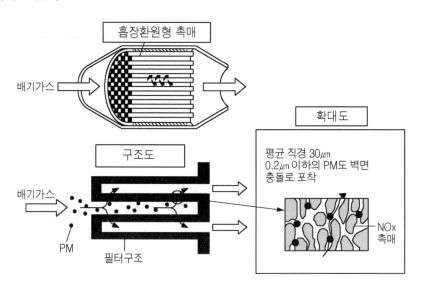

🔺 그림7-2 DPNR 촉매의 구조

[3] 산소 센서의 기능

전자 제어 엔진에서 연료 분사량을 제어하는 것은 인젝터(injector)의 분사 펄스 폭으로 결정되어 진다. 즉 인젝터의 통전 시간에 의해 정해지게 되는데 이 통전 시간을 결정하는 기본 분사량은 흡입되는 공기량과 크랭크각 센서에서 출력되는 엔진 회전수에 의해 결

g정되어 진다. 그러나 기본 분사량은 거의 이론 공연비 내에서 설정 되어 있기 때문에 이 값을 벗어나면 공연비는 기본 분사량과 차이가 나게 되면 삼원 촉매 장치에도 정화 효율이 현저히 저하하는 현상이 나타난다.

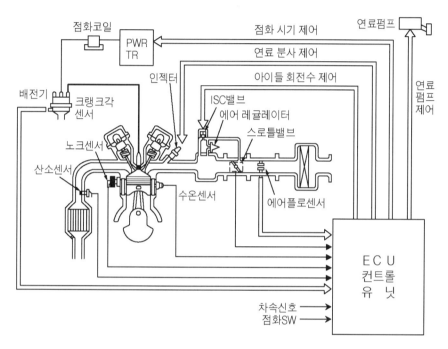

🔺 그림7-3 전자제어엔진 시스템

공연비가 농후하면 일산화탄소(CO), 탄화수소(HC)가 증가하게 되고 반면에 공연비가 희박하면 질소 산화물(Nox)이 증가하기 때문에 배기관에는 사진(7-6)와 같이 산소 센서를 부착하여 배출 가스 중에 산소의 농도를 상시 감지하도록 하고 있게 한다.

이렇게 검출된 산소 센서의 출력값은 엔진 ECU로 입력되어 공연비가 항상 이론 공연비가 되도록 제어하고 있다.

🔺 사진7-5 골무형태의 산소센서

이것을 우리는 피드백(feed back)제어라 하며 입력 신호에 의해 출력값을 결정하고 출력된 연료 분사량의 값이 산소 센서의 입력 값으로 환원이 구성되어 있다. 하여 이것을 크로즈 루프(close loop)제어라고 표현하기도 한다.

🔺 사진7-6 배기다기관에 장착된 산소센서

가스 농도를 검출하는 센서

1. 산소 센서

[1] 지르코니아 산소 센서

세라믹의 일종인 지르코니아(ZrO_2) 고체 전해질을 사용한 산소센서의 구조는 그림(7-4)와 같이 산소의 농도 차에 의해 전위가 변화하는 지르코니아 고체 전해질을 센서의 끝 부분에 채우고 그 양쪽 면에 백금(Pt)을 코팅(coating)한 전극을 두어 기전력이 발생하면 전류가 흐르도록 하고 있다.

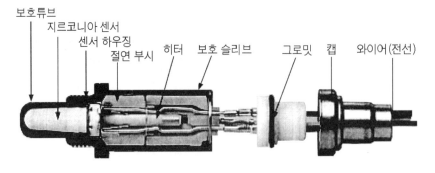

보호튜브
지르코니아 센서
센서 하우징
절연 부시   히터   보호 슬리브   그로밋   캡   와이어(전선)

🔺 그림7-4 지르코니아 산소센서의 구조

  동작 원리는 그림 (7-5)와 같이 지르코니아 전해질 외측에는 산소 농도가 낮은 배출 가스가 접촉하게 되어 있고 내측으로는 산소 농도가 농후한 대기중에 산소가 접촉하게 되어 있어서 공연비가 농후(rich 상태)하면 배기가스 중에는 산소 농도가 희박해 지기 때문에 대기측으로부터 산소 이온이 지르코니아를 통과 하게 되며 이 때 이온차에 의해 전위차가 발생하게 된다. 즉 산소 이온의 차에 의해 기전력이 발생하게 된다. 반대로 공연비가 희박(lean 상태)하면 산소 농도가 높아지게 되어 대기측과 배출 가스측의 산소 이온의 차가 작아지게 되므로 이때 발생 되는 기전력 또한 작아지게 된다. 이렇게 출력된 전압값을 엔진 ECU로 입력되어 이론 공연비를 제어하도록 하고 있다.

사진7-7 지르코니아식 산소센서

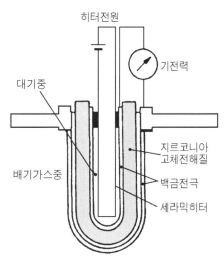

그림7-5 산소센서의 구조

  그림 (7-6)은 지르코니아 전해질 산소 센서의 출력 특성을 나타낸 것으로 배기가스 중에 이론 공연비($\lambda = 1$)가 가까운 부근에서는 저 일산화탄소(CO)와 산소가 존재하기 때문에 백금 표면에서는 O_2가 CO와 반응하여 CO 과잉 상태에서 O_2 과잉 상태로 산소 농도의 비가 급격히 변화하게 되므로 발생되는 기전력도 급격히 변화하게 된다. 이 경우 린(lean)상태로 들어가면 기전력은 약 0.2V 이하가 되며 리치(rich)상태로 들어가게 되면 출력 되는 전압은 0.6V ~ 0.9V가 된다.
  이렇게 기전력이 발생되는 산소 센서는 안정된 출력을 얻기 위해 300 ℃ 이상 높은 온도가 되어야 산소 센서가 활성화 되는 데 이 때문에 산소 센서는 배기 매니폴드 가까이에

장착하고 있다. 그러나 설계상 부득이 하게 배기 매니폴드와 멀리 떨어진 곳에 장착할 필요가 생기거나 산소 센서의 활성화 시간을 단축하게 위해서는 그림 (7-5)와 같이 산소 센서 내에 세라믹 히터를 내장하여 약 10초 정도에 활성화가 되도록 하고 있다.

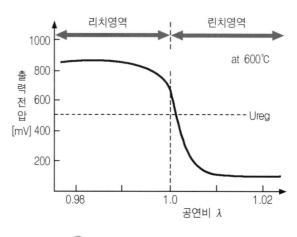

🔺 그림7-6 산소센서의 출력특성

활성화 된 산소 센서의 기전력은 Nernst 방정식에 의해 나타내면 다음과 같다.

$$e = (RT / 4F) \ In \ (Po_2'' / Po_2')로$$

여기서　　e : 발생전압(V)　　　R : 기체상수 8.31(J/molK)

T : 절대온도(°K)　　F : 페레데이 정수(9.65×10^4)

Po_2' : 배기가스 중에 산소 분압

Po_2'' : 대기중에 산소 분압(Pa)

이렇게 출력된 지르코니아 전해질 산소 센서의 기전력은 공연비 피드백 보정(공연비 피드백 제어) 제어의 입력 정보로 사용되지만 실제로 어느 정도 농후한 상태인지 희박한 상태인지는 판단 할 수 없으며 분사 노즐(인젝터)과 산소 센서와의 거리가 있기 때문에 연료 분사량에 대한 산소 센서의 응답 시간은 늦다. 따라서 공연비 피드백 제어를 하기 위해서는 단계별로 변화를 주어 분사량을 제어하도록 할 수 밖에 없다.

사진7-8 배기관에 장착된 산소센서

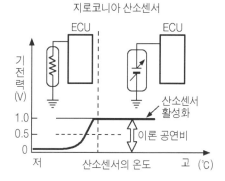

지로코니아 산소센서

O_2 센서의 신호
- rich : 혼합비 농후. 약 1V 출력
- lean : 혼합비 희박. 약 0V 출력

그림7-7 O_2 센서의 온도 특성도

　즉, 그림 (7-8)과 같이 산소 센서의 신호 전압이 변화할 때까지 공연비 피드백 보정량은 단계별로 서서히 변화를 주어 산소 센서 신호 전압이 변화하도록 하여 이론 공연비에 근접하도록 제어하고 있다. 한편 공연비 피드백 보정을 하지 않는 조건은 엔진 냉간시나 공회전시 및 엔진이 고부하시, 시동시에는 공연비 보정을 하지 않도록 하고 있다. 이와 같이 공연비 피드백 제어를 하지 않는 그룹을 우리는 오픈 로프(open loop)제어하고 부르기도 한다.

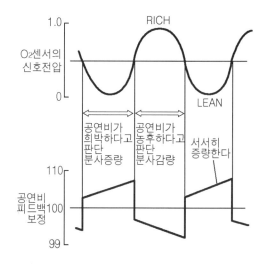

그림7-8 O_2 센서의 공연비 피드백 조정

[2] 듀얼 산소 센서 시스템

공연비 제어는 산소 센서의 열화나 차량 관리 소홀로 인해 산소 센서의 특성이 변화하는 경우는 ECU는 정확한 피드백(feed back) 제어를 기대 할 수가 없다 또한 촉매 장치가 손상에 의해 제 기능을 발휘할 수 없는 상태가 되는 경우 이를 찾아내어 보상하여야 할 방법이 없기 때문에 이것을 보완하기 위해서 듀얼 산소 시스템(dual oxygen sensor system)을 도입하게 되었다.

이 시스템은 삼원 촉매 장치의 뒤단에 하측 산소센서를 두고 앞단에는 상측 산소 센서를 둔 것으로 하측 산소 센서는 촉매 장치의 이상 유무와 상측 산소 센서의 이상 유무를 진단하여 공연비를 2차 피드백 하므로 촉매의 정화 효율은 물론 배기가스의 장치의 안전 장치 역할을 하도록 하고 있는 시스템이다.

[3] 티타니아 산소 센서

대기측과 배기측의 양단간 산소의 분압차에 의해 산소 이온이 이동하면 산소 이온의 차에 의해 기전력이 발생되는 지르코니아(ZrO_2) 전해질형 산소 센서와는 달리 배가 가스 중에 산소 분압에 의해 저항 값이 변화하는 티타니아(TiO_2) 전해질형 산소 센서가 있다. 이 티타니아 산소 센서의 구조는 그림 (7-9)와 같이 원판상의 티타니아 전해질 백금(Pt) 선인 전극을 접속하여 소성(구워서 만드는 것을 말함)시켜 만든다. 리드선은 세라믹 절연체 앞에 티타니아 소자와 서미스터 소자를 부착하여 그 소자의 양단과 양소자의 중간 접속 부분으로 각각의 리드 선을 빼내 커넥터에 접속하고 있다.

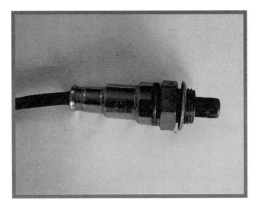

사진7-9 티타니아식 산소센서

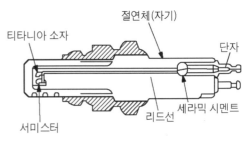

그림7-9 티타니아 산소센서 구조

이 티타니아 전해질은 결정 격자 안에서 산소 이온과 결합을 가지는 N형 반도체로 저항값이 산소 분압에 의존하는 성질 때문에 산소가 많으면 저항값이 커지고 산소가 적으면 저항값이 작아지는 성질이 있다.

따라서 티타니아 주위에 배기가스가 농후한 상태가 되면 산소 농도 차에 의해 산소 이온은 티타니아에서 배기가스측으로 전도되고 티타니아의 격자 결합은 산소 이온의 전도를 활성화 시켜 저항을 감소시키는 작용을 한다. 따라서 산소 분압에 의한 저항 변화를 하는 티타니아는 엔진의 공연비 제어용 산소 센서로 이용하고 있다. 이와 같은 티타니아는 온도에 대해 강한 의존성을 가지고 있어 별도의 온도 보상 회로가 필요하기 때문에 그림 (7-10)과 같이 티타니아와 직렬로 서미스터 저항을 연결하여 사용하고 있다. 또한 티타니아는 저온에서 저항값이 증가하기 때문에 정확한 동작을 기대 할 수 없어 내부에 히터를 내장하여 센서의 출력값을 활성화 시키고 있다.

티타니아 전해질은 지르코티아와는 달리 대기측의 기준 공기를 비교 할 수 있는 셀이 필요가 없어 제조시 소형화가 가능하다는 장점을 가지고 있기도 하다.

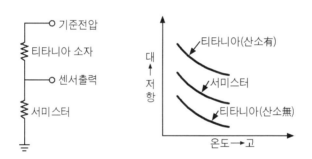

🔺 그림7-10 티타니아 O_2센서의 특성

2. 광대역 센서

[1] 린-믹스쳐 센서

기존에 사용하는 산소 센서는 배출 가스 중에 산소의 농도를 검출해 공연비 피드백(feed-back)보정을 하는 것에 제한되어 왔다. 삼원촉매 장치의 정화 효율을 높이기 위해 이론 공연비 부근에서 제어하도록 공연비 보정을 하게 하여 배출 가스 저감은 현저히 개

선되었으나 이론 공연비 부근으로 제어시키기 때문에 연비를 향상한다는 관점에서 생각하면 개선의 여지가 남아 있다 할 수 있다.

따라서 배출 가스 억제 연비를 향상하기 위해 도입된 방법이 린-번(lean-burn) 시스템이다.

종래의 엔진을 린-번(희박 연소) 상태에서 동작 시키면 엔진이 불안정한 상태가 되고 토크 변동이 허용 범위를 초과하여 버리게 된다. 그러나 연소 개선을 통해 린-번(희박 연소) 한계를 향상시키고 토크 변동도 허용 한계 부근에서 안정화 만 할 수 있으면 배출 가스는 물론 연비도 대폭 향상 할 수 있다는 것이 린-번(희박 연소) 시스템이다.

따라서 린-번(희박 연소)시스템에 적용되는 산소 센서도 기존의 이론 공연비 부근에서 제어하는 산소 센서와 달리 공연비의 변화에 따라 출력값이 비례적으로 센서의 출력값이 변화하는 센서가 린-믹스쳐(lean mixture) 센서이다.

린-믹스쳐 센서의 구조는 그림 (7-11)과 같이 가열된 고체 전해질에 전압을 인가하면 산소이온이 발생하게 되는 데 이때 배기 측에 설치된 확산 저항층에 의해 배기가스 중에 산소 농도에 비례하는 전류값이 출력하는 센서이다.

이 린-믹스쳐 센서의 출력 특성은 그림 (7-13)과 같이 배기 중에 산소 농도 차에 의해 비례하여 전류가 출력 되는 것을 나타내었다.

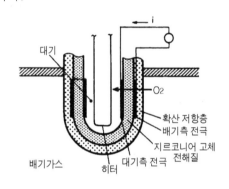

🔺 그림7-11 린 믹스쳐 센서의 구조

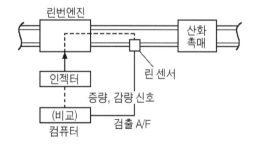

🔺 그림7-12 린번 시스템

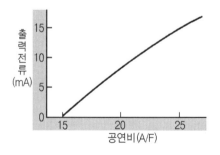

🔺 그림7-13 린 믹스쳐 센서의 특성

[2] 공연비 센서

공연비 센서는 자동차의 배기가스 중에 발생되는 산소 농도와 미연소 가스의 농도 상태에서 엔진의 연소 공연비를 린(lean) 영역에서 리치(rich) 영역까지 공연비 전 영역을 감지하여 엔진 ECU에 입력하여 운전 조건에 따라 최적의 연소 상태가 되도록 제어하는 센서이다.

이 센서의 구조는 그림 (7-14)와 같이 린-믹스쳐 센서와 유사하며 가열된 지르코니아 고체 전해질에 전압을 인가하면 공연비가 린(lean)시(A/F > 14.7 : 1)에는 배기가스 중에 산소 농도차에 의해 전류는 배기 측의 확산 저항측으로부터 대기측으로 전류가 흐르게 되며 반면에 공연비가 리치(rich) 상태(A/F < 14.7 : 1)에는 미연 가스 농도에 의해 산소 이온차가 발생하게 되어 전류가 발생하게 되는 데 이때 에는 전류는 대기 측으로부터 확산 저항측으로 전류가 흐르게 되는 센서이다.

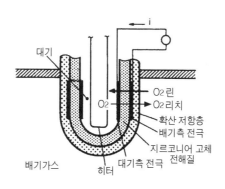

🔺 그림7-14 연비센서의 구조

산소 농도가 희박 할 때는 산소 농도를 검출하고 산소 농도가 농후할 때는 이 값으로부터 미연소 가스를 검출하는 센서인 셈이다. 이 센서의 출력 전류는 그림 (7-15)와 같이 이론 공연비를 기점으로 린(lean)시에는 (+)전류가 흐르게 되고 리치(rich)시에는 (-)전류가 흐르게 된다.

즉 전류의 극성이 산소 농도차에 의해 교번되는 AC(교류)전류가 흐르게 된다.

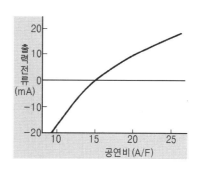

🔺 그림7-15 연비센서의 특성

★ **린-번 엔진**(lean-burn engine) : 연소 실내에 희박한 상태의 공연비를 연소시키기 위해서는 혼합 가스의 미립화와 균질화를 꾀하여야 할 필요가 있다. 따라서 흡기 포트(port)를 가능한 흡기 저항이 크지 않게 하면서 연소실 내에 혼합 가스 균질을 가져오기 위해 헬리컬 포트(helical port)와 스트레이트 포트(straight port)를 구성하고 헬리컬 포트에는 작은 돌기를 만들어 놓아 연소실 내에 혼합 가스를 스웰(swril) 시킬 수 있다. 또 엔진의 부분 부하시에는 헬리컬 포트의 입구를 제어 할 수 있도록 SCV(Swril Control Valve)밸브를 설치하고 부분 부하시에는 밸브를 닫게 하면 흡입되는 공기는 주로 헬리컬 포트를 경유하게 하여 스웰(swril)을 만들게 하고 일부는 스트레이트 포트로 경유시켜 연료의 미립화와 균일화를 꾀한다. 이렇게 하면 작은 스웰(swril)비에도 불구하고 희박 연소 성능을 확보 할 수 있다.

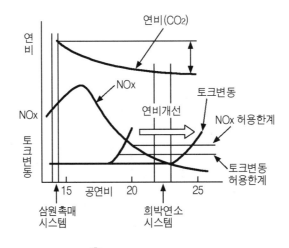

▲ 그림7-16 린번의 원리

린번 엔진에 사용되는 린-믹스처 센서(lean mixture sensor)는 공연비를 검출하는 방법에 따라 공연비 검출 밸런스(balance) 및 토크(torque)변동에 영향을 받는 요소 들을 모두 고려하지 않으면 안되기 때문에 희박 공연비 영역에서는 직접 연소 상태를 검지할 수 있는 연소압 센서를 사용해 질소 산화물 배출을 작게 하고 토크 변동을 허용 범위 내에서 공연비 제어하고 고부하 영역 등에서는 종래 데로 산소 센서를 사용해 이론 공연비를 제어하는 시스템도 있다.

국내차의 린번 조건은 워밍-업(warming up) 전에 제어는 일반 자동차와 마찬가지로 이론 공연비(14.7 : 1) 제어를 하지만 엔진이 워밍-업(warming up) 후에는 14.7 : 1 ~ 22 : 1 범위를 제어한다. 먼저 린번의 진입 조건은 냉각 수온이 80℃ 이상이 되어야 가능하며 엔진 회전수는 1500 rpm 이상, 스로틀 개도는 40° 이하에서 시속 약 60 km/h ~120km/h 에서 린번(희박 연소)영역으로 진입하게 되어 있다. 이렇게 린번(희박 연소) 상태로 진입하게 되면 MTV(Manifold Throttle Valve)를 on, off 제어하며 이때 질소 산화물을 감소하기 위해 스텝-모터를 통해 EGR량을 조정하도록 하고 있다.

■ 3. 스모그 센서

자동차 실내는 밀폐된 작은 공간이므로 의외로 담배 연기나 매연 분진 등에 의해 쉽게 오염 될 수 있는 곳으로 실내 오염을 방치하면 눈과 목 등에 이상이 생기며 운전자는 쉽게 피로감에 노출된다.

따라서 자동차의 실내에는 공기 청정기와 같은 공기를 정화할 수 있는 장치가 필요하게 되는 데 이것을 공기 청정기(air purifier)라 부른다. 이 공기 청정기에 스모그(smog)를 감지하는 센서가 가스 스모그 센서(gas smog sensor)인데 가스 스모그 센서의 감도는 일반적으로 담배 1~2 목음 정도 피운 양이면 검지 할 수 있는 정도의 감도를 가진 센서로 분진이나 연기를 감지하여 자동적으로 공기 청정기를 작동하게 하고 있다.

스모그(smog) 센서는 그림(1-17)과 같이 슬릿(slit) 구멍을 통해 공기가 자유로이 드나들도록 하는 통로가 있고 연기를 감지하는 센서부에는 발광 소자(LED)와 수광 소자(포토 다이오드)가 공기 청정기 내부의 모서리 부에 장착되어 있으며 공기가 오염 되었을 때 배출시키는 블로어-모터(blower motor)와 필터(filter)가 내장되어 있는 구조로 되어 있다.

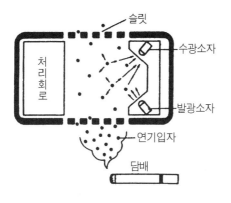

그림7-17 스모그 감지센서의 구조

스모그 센서의 동작 원리는 발광 소자(LED)에서 발생되는 적외선 광(눈에 보이지 않는 광)이 간헐적으로 발생하면 연기가 없는 깨끗한 공기 상태에서는 수광 소자(포토 다이오드)로 적외선 광이 전달되지 않지만 연기가 있거나 분진이 많은 오염된 공기에서는 발광 소자에서 발생되는 적외선 광이 연기 입자와 난반사 하게 되는데 이렇게 연기 입자에 의해 적외선 광이 난반사를 하게 되면 그 빛이 수광 소자로 전달되게 되어 공기가 오염되었다는 것을 감지하게 된다.

즉 스모그 센서(smog sensor)는 연기 입자와 적외선이 난반사 하게 되는 것을 연기나 매연이 들어 온 것으로 판단하고 공기 청전기의 블로어-모터(blower motor)를 가동시킨다.

이 스모그 센서의 내부 회로에는 적외선 광이 외란에 의해 오동작 하는 것을 방지하기 위해 펄스발진(pulse oscillation) 방식을 사용하고 있다. 이 펄스 발진 방식을 사용하면 같은 파장의 적외선 광이 수광 소자(photo diode)에 입력되어도 발광 소자(LED)에서 간헐적으로 발생되는 적외선 광과 동기하지 않으면 공기 청정기는 작동하지 않게 되어 있어 정확한 분별력을 가지고 있다. 또한 내부 회로에는 한번이라도 오염을 감지하면 공기 청정기는 약 2분간 작동하도록 내부 타이머 회로를 가지고 있다.

그림 (7-18)은 스모그 센서의 특성도를 나타낸 것이며 이 스모그 센서의 내부 회로에는 적외선 광의 감도를 조절 할 수 있도록 되어 있어서 사용자에 따라 오염 정도를 조절 할 수 있도록 하고 있다.

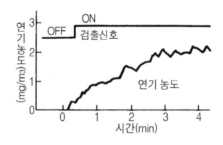

🔺 그림7-18 센서의 특성도

★ **분자와 원자** : 물질을 최소 단위로 분해 하면 더 이상 쪼갤 수 없는 상태까지 이루게 되는 데 이것을 우리는 분자라고 말한다. 분자가 큰 경우는 전자 현미경으로 관찰이 가능하지만 물이나 탄산가스처럼 구조가 단순한 작은 분자를 가지고 있으면 전자 현미경으로도 직접 볼 수가 없다 따라서 분자라는 것은 물과 같이 2개 이상의 원자가 어떤 모양으로 결합해 있는 것을 분자라 한다. 예를 들면 산소, 수소, 질소는 2개의 원자가 결합해 산소, 수소, 질소 분자(O_2, H_2, N_2)가 되는 것이다.

★ **원자량, 원자 번호** : 전자의 질량은 매우 가볍기 때문에 하나의 원자 질량을 말 할 때는 일반적으로 원자의 핵의 질량을 가지고 말 하는 데 이것은 모든 원소 종류의 원자 질량과 일정하여 원자의 질량은 양성자와 중성자의 합으로 나타내고 있다. 따라서 수소 원자의 질량은 1이며 산소 원자의 질량은 16, 질소는 14이다. 이 원자량이 가벼운 순서대로 나열 해 놓은 것이 원자 번호로 수소는 1 헬륨은 2(원자량 4), 리튬은 3(원자량 7) 순서와 같이 나열 해 놓은 것이 원소 주기율표이다. 또한 원소가 서로 같은 원소라도 질량이 다른 것을 동위 원소(isotope)라 부르는 데 양성자와 수는 같아도 중성자 수가 다른 것을 말한다. 원자의 궤도 전자 수는 원자 번호와 같으므로 동위 원소는 모두 같은 수의 궤도 전자를 가진다.

★ **적외선** : 빛에는 X-선, 감마선, 자외선, 적외선, 마이크로파 등으로 구분하는 데 이 중에서 파장이 너무 짧아 (0.4미크론 이하) 눈에 보이지 않는 광이 X-선, 감마선, 자외선, 등이 있고 프리즘을 통과시키면 눈에 보이는 가시광선은 그 파장이 0.4미크론 ~ 0.76미크론 정도 이며 파장이 너무 길어(0.76미크론 이상) 눈에 보이지 않는 적외선 및 마이크로파 가 있다. 이 중에서 적외선은 파장이 0.76미크론 ~ 1.5미크론인 근시 적외선과 파장이 1.5미크론 ~ 5.6미크론인 중간 적외선, 파장이 5.6 미크론 이상인 원 적외선으로 구분한다. 그러나 발광 다이오드에서 발생되는 적외선은 보통 근시 적외선 범주이며 발광되는 파정은 0.55미크론 정도의 녹색 발광 LED와 0.65미크론 정도의 광을 발생하는 적색 발광 LED 등이 있으며 근시 적외선의 성질은 빛에 가까운 반면 원적외선의 성질은 열 에너지를 가지고 있으며 전자기파에 가깝다.

08

진동을
감지하는 센서

8 CHAPTER

진동을 감지하는 센서

진동을 검출하는 센서

1. 노킹 제어

[1] 노킹 제어 영역

가솔린 기관의 혼합 가스 연소는 점화 플러그의 불꽃으로 착화되어 연소실 내의 화염이 혼합 가스로 전파되어 전달되게 되는데 화염 전파 도중 압력이 이상 상승하게 되면 실린 더 내의 온도가 상승하게 되고 연소실 내의 혼합 가스는 화염 전파가 완료하기도 전에 자 기 착화(free ignition)가 일어나게 된다. 이때 급격한 연소에 의해 발생하는 압력 상승 이 연소실 내의 벽을 진동시키게 되고 이로 인해 엔진 블록을 두드리는 이상음이 발생하 는 것을 노킹(knocking) 현상이라 한다.

노킹(knocking)의 발생은 연료의 옥탄가가 낮은 경우에도 발생하지만 엔진의 고부하 상태에서 엔진이 지나친 과열이 지속되거나 압축비가 높은 경우 등에 일어나며 노킹이 발 생하면 연소 가스의 진동으로 인해 열전달이 활발해져 노킹 상태가 지속되면 점화 플러그 의 전극 손상은 물론이고 심한 경우는 피스톤 등의 과열 등에 의해 피스톤 및 실린더 내를 손상 할 수 있다.

따라서 이러한 노킹(knocking)현상을 억제하려면 사용 연료의 품질은 물론 옥탄가, 세탄가의 값이 적합하여야 하며 또한 점화 플러그의 열가는 해당 엔진에 적합한 것을 사 용하여야 하는 것은 물론 냉각 장치의 냉각 효율이 좋아야 하는 등 엔진의 기본적 요소가 충족 되어야 한다. 전자 제어 엔진에서는 노킹이 발생되는 영역을 설정하여 점화시기를 제어하므로서 노킹을 방지하고 있다. 이 점화 시기는 흡입된 혼합기로부터 최대 출력을 얻기 위해서는 최적의 점화 시기가 필요한 데 그러나 이러한 점화 시기는 노킹-존 (knocking zone)과 중복 될 수가 있어 이에 대한 대책이 필요하게 된다.

특히 저속시나 고부하시 노킹을 발생 할 소지가 많이 있어 노킹을 줄이기 위해서는 점화시기를 지각시키는 것이 일반적인 방법이지만 엔진의 출력과 연비를 악화 시킬 수가 있기 때문에 엔진의 각 운전 상태에서 점화시기를 가능한 이상적으로 설정하고 노킹이 발생 할 때 만 점화시기를 지각시키는 방법을 통해 노킹(knocking)을 제어하도록 하고 있는 것을 노킹 제어라 한다.

예를 들면 노킹(knocking)은 주로 고부하시 강하게 나타나게 되므로 그림 (8-1)과 같이 액셀러레이터(accelerator)를 깊이 밟은 고부하 영역에서 노킹을 제어하도록 하고 있다.

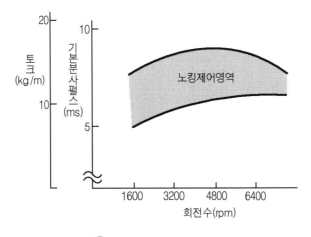

그림8-1 노킹 제어 영역

이것은 노크 센서의 이상으로 노킹 신호가 엔진ECU로 정보가 입력되어 지지 못하면 노킹에 의한 피스톤의 소손 등 트러블(trouble)이 예상되기 때문에 자동으로 점화시기를 5° ~ 10°가 되도록 고정하고 있는 데 만일 노크 센서 신호가 엔진의 전 영역을 감지하고 노크 제어를 행하게 된다면 노킹 센서의 이상으로 연비의 악화는 물론 엔진의 운전성이 현저히 떨어질 수 있기 때문에 중·저부하 시에는 점화시기를 지각 할 필요가 없어진다.

따라서 점화시기를 지각 할 필요가 있는 영역에서 만 노킹 제어 영역을 설정해 제어하

고 있다. 노킹 제어 영역에서는 노킹이 발생이 되면 엔진의 회전수와 기본 분사량을 결정해 점화 시기로부터 일정한 비율로 예를 들면 노킹이 1회 발생 할 때 마다 1° 씩 지각해 나가도록 하고 있다. 최대 지각 범위는 자동차 메이커 마다 다르기는 하지만 보통 15° 까지 점화시기를 제어한다.

노크 센서에 사용되는 센서는 주로 피에조 압전 효과를 이용한 센서와 마그네틱 픽업방식이 사용되고 있지만 노킹 발생시 고유 진동 주파수는 6~7kHz 정도로 이 주파수에서 공진이 되도록 소자 선택과 발생 되는 기전력이 비교적 큰 압전 소자 방식을 많이 사용하고 있다.

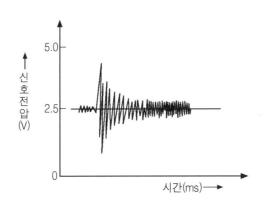

▲ 그림8-2 노킹센서의 신호 전압

[1] 압전 소자

수정(SiO_2), 티탄산바륨($BaTiO_3$), 로셸염 등과 같은 압전 세라믹에 외부로부터 응력을 가하면 결정의 양쪽 끝에는 기전력이 발생하게 되는데 이 현상을 압전기 직접 효과라 하며 반대로 이러한 결정체를 전계 중에 두었을 때 결정체는 전계의 영향을 받아 왜력이 발생하게 돼 이 현상을 압전기 역효과라 한다.

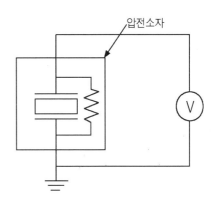

▲ 그림8-3 압전소자의 등가회로

이러한 소자는 외부로부터 힘이 가해지지 않을 때는 결정 자체가 +이온과 −이온이 중심이 일치하여 분극이 없다가 결정 배열이 서로 대칭이 되어 있지 않은 한 방향으로 압축 또는 신장을 시키면 +이온과 −이온의 중심은 서로 벗어나게 되므로 분극 현상을 일으키게 된다.

결국 결정 이온의 분극에 의해 전위차가 발생하게 되는 것을 압전 효과라 하는 것이다. 이러한 압전 효과를 이용해 자동차에서는 차량의 진동을 검지하는 센서로 사용하게 되는데 이는 압전 소자가 견고하며 소형화가 가능하고 압전 효과에 의한 기전력이 상대적으로 전자식 보다 크기 때문이다.

사진8-1 실린더 내의 피스톤

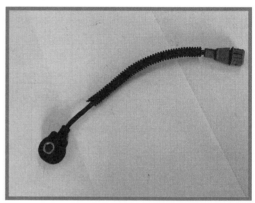

사진8-2 노크 센서

2. 노크-센서의 종류

노킹(knocking)을 검출하기 위한 가장 좋은 방법으로는 실린더 내의 압력을 측정하는 압력센서 방식을 사용하는 것과 점화 플러그 일체형 압력 센서로 구성 된 방식이 좋지만 가격이 비싸고 내구성이 다소 떨어진다는 단점이 있다.

따라서 노킹(knocking)을 검출하기 위해 사용되는 방법으로 는 피에조 효과를 이용한 피에조 세라믹 센서(piezo-ceramic sensor)를 일반적으로 많이 사용하고 있다.

이 같은 피에조 압전 효과를 이용한 센서는 센서의 사용 소재와 제조 방법에 따라 센서가 갖는 고유 주파수 특성이 있어서 이 특성을 이용 하여 엔진의 노킹 상태 검지할 수 있다.

따라서 그림 (8-4)와 같이 노크 센서의 종류에는 노킹 주파수 대역에서 노크 센서의 공진 특성과 일치하는 공진형 센서와 공진 특성과 일치하지 않는 비공진형 센서로 구분 할 수 있다.

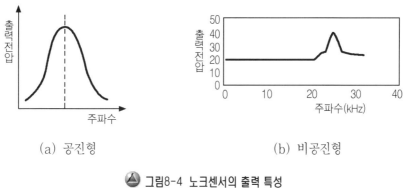

(a) 공진형 (b) 비공진형

🔺 그림8-4 노크센서의 출력 특성

[1] 비공진형 노크 센서

비공진형 노크 센서의 구조는 그림 (8-5)와 같이 엔진 블록의 진동이 노크 센서의 하우징(housing)에 전달될 때에는 하우징(housing)과 웨이트(weight)간에 상대 운동이 발생하기 때문에 상대 운동이 발생되는 사이에 압전 소자는 압력과 신장력 받게 된다.

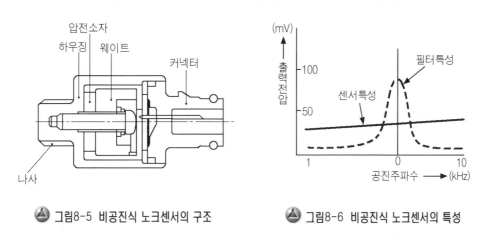

🔺 그림8-5 비공진식 노크센서의 구조 🔺 그림8-6 비공진식 노크센서의 특성

이렇게 엔진의 진동은 압전 소자에 압력과 신장력이 작용하게 되면 압전 소자는 전기신호의 변화으로 엔진의 진동을 검출 할 수 있는 센서이다. 노크 센서에서 검출된 전기 신호는 엔진 ECU 내에 있는 필터 회로와 노크 판정 회로를 거쳐 노킹 신호를 판정하여 CPU

에 입력하게 되어 있어 엔진 ECU는 노킹이라 판정하면 보통 노킹 신호 1회에 점화시기를 1°씩 지각하도록 하고 있다. 전자 제어 시스템은 이와 같이 항상 최적의 점화시기를 제어하여 최적의 점화 시기가 되도록 하여 토크(torque) 및 연비를 향상시키고 있다.

[2] 공진형 노크 센서

공진형 노크 센서는 그림 (8-7)과 같이 엔진 블록의 진동에 센서에 전달 될 때 비공진형 노크 센서와 달리 웨이트(weight) 대신 기판을 끼워 진동판을 공진 시켜서 이 압력과 신장력이 압전 소자에 전달되도록 하고 있는 것이 다르다 압전 소자에 가해진 외력은 전기 신호로 변환할 수가 있어 노킹 상태를 검지 할 수가 있다.

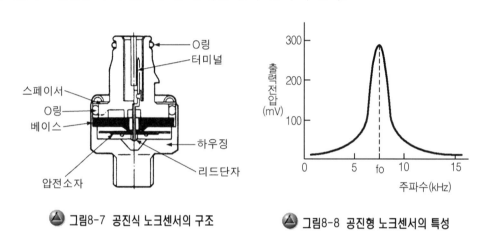

그림8-7 공진식 노크센서의 구조   그림8-8 공진형 노크센서의 특성

노크 센서에 의해 검출된 신호는 엔진 ECU에 입력되면 ECU 내에 있는 필터(filter) 회로와 노크 판정 회로를 거쳐 노킹을 판정하게 되어 있다. 이와 같은 공진형 센서는 공진 주파수 영역에서 필터 처리를 하게 되므로 필터 회로가 비공진형 보다 간단히 할 수가 있다. 노킹 신호를 정확히 검출하기 위해서는 장착 위치 또한 중요한 데 가장 이상적인 방법은 각 실린더 마다 하나씩 노크 센서를 설치하면 좋으나 이렇게 하면 경제성이 떨어져 4 실린더 엔진인 경우는 1개의 노크 센서를 6 실린더 엔진은 2개를 장착하고 있는 것이 보통이다. 노크 센서의 장착 위치는 정확한 노킹을 검출하기 위해 1번 실린더와 3번 실린더 중앙에 설치하고 있다.

그림 (8-8)은 공진형 노크 센서의 특성도를 나타낸 것으로 현재에는 대개 공진형 노크 센서를 사용하고 있는 추세이다.

노크 센서는 단선이나 센서의 이상으로 인해 노크 센서의 신호가 입력되지 않을 때는 ECU는 자동적으로 페일-세이프 모드(fail safe mode)로 들어가 점화시기를 5° ~ 10° 로 고정하지만 만일 노크 센서의 점검이 필요한 경우는 오실로스코프를 사용해 점검하는 것이 좋다.

노크 센서의 입력 신호는 멀티 테스터의 입력 임피던스(impedance) 보다 높기 때문에 오실로스코프로 측정하여야 하는 데 측정 방법은 노크 센서의 출력 전압을 엔진 회전수 (rpm)에 따라 아이들 상태에서부터 상승해 가면 그림 (8-9)와 같이 파형 진폭이 상승하면 정상이다. 그림은 1500 rpm에서 측정한 그림이다.

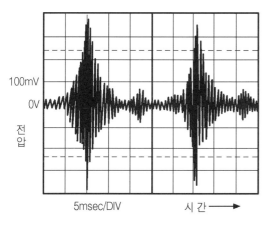

그림8-9 노크센서의 파형

사진8-10 노크센서의 감지부

자동차에 사용되는 노크 센서로는 앞서 설명한 것과 같이 비공진형과 공진형 노크 센서가 폭넓게 사용되고 있지만 연소 가스의 진동을 실린더 블록에 끼워 계측하고 있기 때문에 엔진 자체에 기계적 진동이 증대하는 고회전 영역에서는 S/N(신호대 잡음비)가 저하하는 문제가 발생하여 정확한 측정이 어려워진다.

따라서 좌형 노크 센서는 실린더의 연소실의 압력을 직접 전달되기 때문에 보다 정확한 측정이 가능하다는 이점이 있다. 즉 고회전 영역에서도 연소압의 피크점과 노킹이 검출이 가능한 센서이다. 좌형 노크 센서의 원리는 점화 플러그에 맞는 좌형 노크 센서를 점화 플러그의 좌면과 실린더 헤드 사이에 끼워 하중을 가해 장착하도록 되어 있다. 연소실내의 압력 검출은 실린더 내로 장착되는 점화 플러그의 하단부에 연소실의 압력이 가

해지면 좌형 노크 센서의 체결하중이 감소하게 되어 이 차이 값이 변화가 센서의 출력 값이 되게 된다.

즉, 좌형 노크 센서의 출력 신호 값은 다음과 같이 나타난다.

센서출력 = 체결하중 - 연소압 하중

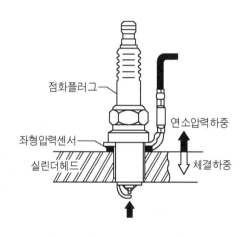

점화플러그

연소압력하중

좌형압력센서

실린더헤드

체결하중

🔺 그림8-10 좌형 노크센서의 원리

그림 (8-11)은 좌형 노크 센서의 주파수 특성을 나타낸 것으로 노킹이 발생하면 좌형 노크 센서에 고주파 성분이 가해지기 때문에 노킹 특유의 파형을 관측 할 수가 있어서 실린더 블록에 장착하는 노크 센서에 비해 고회전 영역에서 까지 정확도가 높은 노킹 검출이 가능하다.

좌형 센서에서 출력되는 센서의 출력 신호는 밴드 패스 필터(band pass

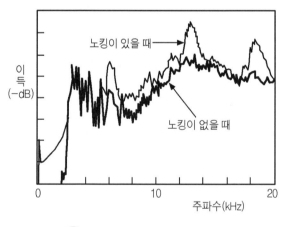

노킹이 있을 때

이득
(-dB)

노킹이 없을 때

0   10   20
주파수(kHz)

🔺 그림8-11 노킹시 주파수 특성

filter)를 거쳐 ECU가 노킹을 판단할 수 있도록 하고 있다. 좌형 노크 센서의 사용시 주의 할 점은 센서의 허용 온도가 실제 장착되는 부위의 온도 보다 높게 설정 할 필요가 있다. 또한 체결 토크(torque)를 정확히 맞추어 체결하여야 한다. 보통 좌형 노크 센서의 체결 토크는 2.5(kgf.m)±0.5(kgf.m)이며 사용 온도는 180℃, 정전 용량 500pF 정도이다.

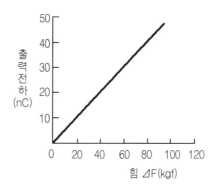

△ 그림8-12 압전소자의 출력 특성

3. 우량을 감지하는 센서

우량을 감지하는 센서는 비가 오는 량을 감지하여 자동으로 와이퍼 모터의 작동 속도를 제어하는 시스템에 레인 센서(rain sensor)로 사용하고 있다. 우량을 감지하는 센서에는 빛의 굴절을 이용한 포토-커플러 방식이 센서와 압전 진동자를 이용한 센서, 빗물의 비유전율을 이용해 정전 용량이 변화하는 것을 이용한 정전 용량 변환 방식의 센서가 사용되고 있다. 압전 진동자를 이용해 우량 검지 방법은 그림(8-13)과 같이 빗물이 압전 진동자에 떨어지는 낙하 에너지를 전기 에너지로 변환하는 방식이다.

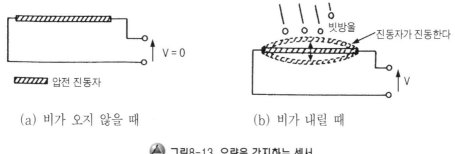

(a) 비가 오지 않을 때   (b) 비가 내릴 때

△ 그림8-13 우량을 감지하는 센서

압전 진동자를 이용한 방식은 피에조 압전 효과를 이용한 센서로 압전 진동자에 빗물이 떨어지는 량이 많으면 많음 만큼 압전 진동자의 진폭은 증가하게 되어 이 진동에 의한 피에조 소자는 전기적인 신호로 출력하게 하여 와이퍼 컨트롤 유닛(wiper control unit)으로 입력하도록 되어 있다.

와이퍼 모터의 작동 시간은 비의 량에 따라 미리 설정된 데이터(data) 값에 의해 와이퍼 컨트롤 유닛은 작동 시간을 출력 하도록 설정되어 있어 빗의 량에 따라 와이퍼 모터의 회전 속도를 변화할 수 있게 만든 시스템이다. 이러한 압전 진동을 이용 우량을 감지하는 센서는 비의 량에 따라 압전 소자에 진동하는 전기적인 신호와 차량의 진동에 의한 전기적인 신호를 판별하기란 쉽지 않아 어느 정도에 비의 량이 압전 소자를 진동하지 않으면 감지하지 못하는 단점을 가지고 있다.

따라서 현재에는 압전 진동자를 이용해 우량을 감지하는 센서 보다 빛의 굴절을 이용한 포토-커플러 방식의 센서를 많이 활용하고 있다. 이와 같은 와이퍼 모터의 작동 시간을 제어하는 방식에는 차량의 속도에 따라 와이퍼 모터의 회전 속도를 일정시간을 제어하는 방식에는 차량의 속도에 따라 와이퍼 모터의 회전 속도를 일정한 비율로 증가하는 속도 감응 방식과 비의 량에 따라 와이퍼 모터의 회전 속도를 제어하는 우량 감응 방식이 사용되고 있다.

🔺 사진8-11 레인 센서

09

가속도 및 각속도를
감지하는 센서

자동차용센서

9 CHAPTER

가속도 및 각속도를 감지하는 센서

가속도를 검출하는 센서의 종류

1. 가속도를 검출하는 센서의 구분

자동차에 적용되는 가속도 센서를 용도 별로 구분하여 보면 제동시 차량의 조향 안정성을 높이기 위해 감지하는 가속도 센서(G 센서), 선회시 차량의 주행 안정성 및 조향 안정성을 확보하기 위해 사용되는 가속도 센서, 차량의 충돌시 충격을 감지하는 충격 센서 등 표 (9-1)과 같이 구분하여 볼 수 있다.

[표9-1] 가속센서의 용도별 감지 범위

종 류	감지 범위	비 고
ABS용	±2G	
TCS용	±2G	
SRS용	±50~±100G	기계식, 반도체식
EMS용	±5G	전자식, 반도체식

가속도를 감지하는 센서는 자동차 산업의 발달로 안전에 대한 관심이 무엇 보다 높아짐에 따라 차량의 안정성 확보를 위해 그 적용 범위 또한 점차 증가하고 있는 센서이다. 예컨대 자동차의 충돌시의 받는 하중을 감지하여 승객을 보호하기 위한 SRS(Supplemental Restraint System)시스템, TCS(Traction Control System) 시스템에 사용되는 G(가속도) 센서가 이에 해당한다. TCS 시스템에 사용되는 G센서는 트레이스 제어

(trace control)를 하기 위한 것으로 선회, 주행 안정성 확보를 위해 맵(MAP)에 의한 데이터에 따라 예측 제어를 하고 있다. 이 맵(MAP)에 사용되는 기준 설정치는 각 조건 하에서 평균적으로 운전자가 안심하고 선회할 수 있는 횡 G값을 토대로 만들어져 ECU 의 프로그램 데이터로 활용하고 있다.

그림 (9-1)은 용도별 사용하는 G 속도 센서의 가속도 값에 따라 사용 범위를 나타낸 특성도이다.

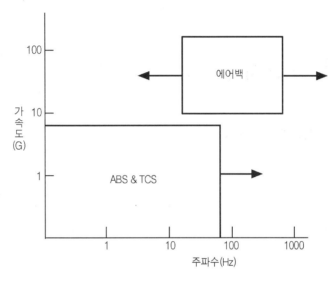

🔺 그림9-1 시스템별 가속도 범위의 특성

이와 같은 G(가속도) 센서의 가속도를 검출하는 방식을 분류 하여 보면 다음과 같이 분류할 수 있다.

① 기계식 검출 방식   ② 전자유도를 이용한 방식
③ 압전효과를 이용한 방식   ④ 정전용량을 이용한 방식

기계식 G(가속도) 센서는 차체의 가속도를 이용해 접점이 ON, OFF되는 방식과 리드 스위치를 이용하여 가속도를 검출하는 간단한 방법이 사용되고 있으며 또한 수은을 사용 하여 접점이 ON, OFF되는 수은 방식이 사용되기도 한다. 전자 유도 방식은 코일의 상호

유도 작용을 이용한 차동 트랜스 방식이 있으나 차동 트랜스 방식은 부피가 커지고 중량이 많이 나가는 단점이 있다.

따라서 최근에는 신뢰성이 우수하고 소형화가 가능한 반도체 압전 효과를 이용한 센서와 정전 용량형 센서가 많이 이용되고 있기도 하다.

반도체는 제조 방법에 따라 여러 가지 방법이 있는데 이 곳에 사용하는 제조 방법은 박막 형성이 용이한 폴리-실리콘(poly-silicon)을 사용하여 실리콘 단결정 위해 정전 용량을 만들어 압전 소자로 사용하고 있다.

사진9-1 에어백 ECU

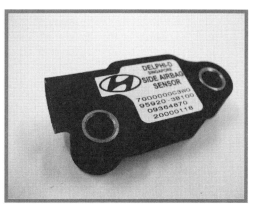
사진9-2 충격 센서

★ **G(가속도)의 표현** : 물체의 하중은 속도의 변화에 따라 그 값이 달라지는 데 이를 테면 자동차를 운행하기 위해 급가속을 하게 되면 몸이 뒤로 젖혀지기도 하고 코너링(cornering)시에는 몸이 쏠리지 않도록 힘을 작용하게 되는 데 이때 G는 무게로서 몸으로 느낄 수가 있다.

흔히 힘은 질량 × 가속도로 표현하듯이 예를 들면 비행기의 조종사가 이륙 할 때 4G를 느낀다는 것은 조종사 자신의 체중에 4배를 감지 할 수 있는 단위로 가속도의단위를 표현하면 가속도(m/sec^2)는 G($9.8m/sec^2$)로 나타낼 수 있다. 또한 G(가속도)는 자동차나 비행기의 구조나 강도를 계산 할 때 하중 배수를 의미하는 것으로 자동차가 주행 중에 브레이크를 걸었을 때 차체의 하중은 증가하게 된다.

예를 들어 자동차의 한쪽 바퀴의 하중이 정지 상태일 때는 300(kgf)라고 가정하면 이때 현가장치의 용수철의 수축 할 때 반발력은 450(kgf)으로 증가하게 된다. 결국 용수철의 힘은 1.5배가 되어 이 경우 하중을 1.5 G라고 표현한다. 이렇게 G(가속도)의 단위를 사용하면 계량이 쉽고 편리하기 때문에 많이 사용하고 있다.

2 가속도를 검출하는 센서

1. 기계식 및 전자식 G 센서

[1] 기계식 충격 센서

에어백 장치는 승객의 안전을 위한 표준 장치로 SRS(에어백 장치)에 빠지지 않고 사용되는 것이 차량의 충돌시 가속도를 검출 하는 충격 센서이다.

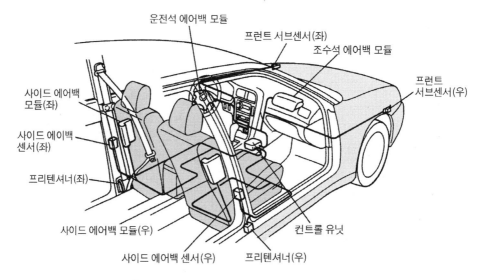

운전석 에어백 모듈
프런트 서브센서(좌)
조수석 에어백 모듈
프런트 서브센서(우)
사이드 에어백 모듈(좌)
사이드 에이백 센서(좌)
프리텐셔너(좌)
사이드 에어백 모듈(우)
사이드 에어백 센서(우)
프리텐셔너(우)
컨트롤 유닛

🔺 그림9-2 SRS 및 프리텐셔너의 시스템 구성도

그림 (9-3)은 기계식 충격 센서(impact sensor)의 구조도이다. 자동차가 충돌 하였을 때 가속도 또는 감속도에 의해 로터가 미리 설계한 값 이상 회전을 하게 되면 접점이 ON 상태가 되도록 한 센서이다. 구조를 살펴보면 차량이 충돌에 의해 가속도가 가해지면 편심 메스는 편심 로터의 관성에 의해 로터가 회전을 하게 되고 로터가 회전을 하게 되면 로터에는 접점이 붙어 있어 회전 접점이 고정 접점에 붙게 되어 있다.

이 센서의 특징은 구조는 간단하지만 비교적 정도가 높고 충격 센서로서 적합한 주파수 특성을 가지고 있다는 장점이 있다.

또한 편심 로터와 메스(mass)를 독립적으로 설정 할 수가 있어서 가속도에 따라 센서가 작동하는 영역을 폭 넓게 적용할 수가 있다. 이와 같은 충격 센서는 전기 접점 방식으로 진동이나 온도(내환경성)에 우수한 특징을 가지고 있다.

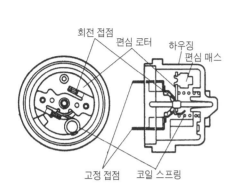

🔺 그림9-3 기계식 충격 센서

🔺 사진9-3 에어백 ECU 내부

그림 (9-4) 롤러식 충격 센서(impact sensor)의 구조를 나타낸 것으로 국내 차량의 SRS(에어백 시스템)에 적용 된 센서이다. 이 센서도 전술한 것과 마찬가지로 롤러에 회전접점과 고정 접점으로 되어 있어서 차량이 충격에 의해 롤러의 관성으로 이동하게 되면 고정 접점에 회전 접점이 접촉하게 되어 있어서 차량의 가속도를 감지하게 되어 있는 센서이다.

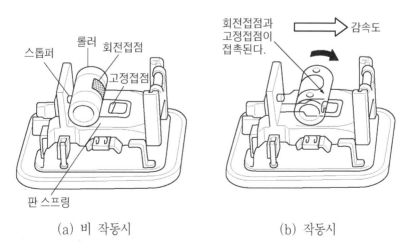

(a) 비 작동시   (b) 작동시

🔺 그림9-4 롤러식 충격센서의 구조

그림 (9-5)는 리드 스위치 방식의 충격 센서의 구조를 나타낸 것으로 에어백 시스템에 사용되는 센서이다. 구조는 리드 스위치와 이동할 수 있는 자석과 스프링으로 구성되어 있어서 차량이 충돌을 감지하면 가속도만큼 자석은 스프링의 텐션을 밀치고 자석이 우측에서 좌측으로 이동하게 되어 있어서 가속도에 의해 자석이 스프링의 설정치 이상 이동하게 되면 리드 스위치의 접점은 ON 상태가 되어 가속도의 설정치를 검지하는 충격 센서(impact sensor)이다.

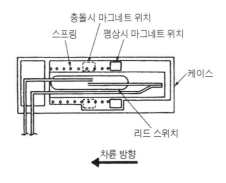

🔺 그림9-5 기계식 충격 센서

에어백(air-bag) 시스템의 구성은 인명을 보호하는 에어백과 에어백에 질소 가스를 넣어 주는 인플레이터(inflator), 차량의 충돌을 감지하는 센서부 및 가속도를 검지하여 인플레이터를 작동 여부를 판단하는 에어백 ECU로 구성되어 있다.

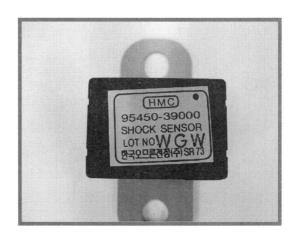

🔺 사진9-4 충격 센서

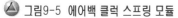

🔺 그림9-5 에어백 클럭 스프링 모듈

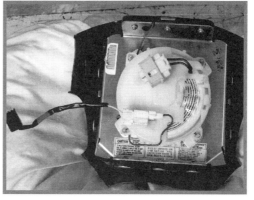

🔺 사진9-6 운전석 인플레이터 모듈

에어백 시스템에 사용되는 센서는 제조 메이커와 조수석 및 측면 에어백 모듈의 장착에 따라 그림 (9-2)와 같이 사용되는 수량이 장착 위치가 달라질 수가 있다. 보통 에어백 시스템은 충격을 감지하기 위해 전방 좌, 우에 하나씩 장착 되어 있으나 제조 메이커의 설계 시방에 따라 다소 차이는 있다.

🔺 사진9-7 시트벨트 프리텐셔너

🔺 사진9-8 사이드 임펙트 센서

충격 센서(impact sensor)의 작동은 그림 (9-6)과 같이 작동을 하지 않을 때는 코일 스프링의 초기 세트(set) 하중에 의해 편심 로터(rotor)는 편심 메스(mass)와 함께 스톱퍼에 다 있어서 고정 접점과 회전 접점은 OFF 상태에 있다가 차량의 충돌에 의해 가속 도가 편심 로터에 가해지면 로터는 회전하게 되고 편심 로터와 일체인 회전 접점은 회전

해 고정 접점과 접촉하게 된다.

이렇게 접점이 ON상태가 되면 이 신호는 에어백 ECU로 입력 하게 되며 에어백 ECU는 점화 판정을 내부 프로그램에 의해 비교하여 점화로 판정하게 된다. 이때 ECU는 인플레이터에 점화 신호를 내 보내게 돼 인플레이터에 있는 화약이 일시에 폭발하며 질소 가스를 에어백에 불어 넣도록 하고 있는 시스템이다.

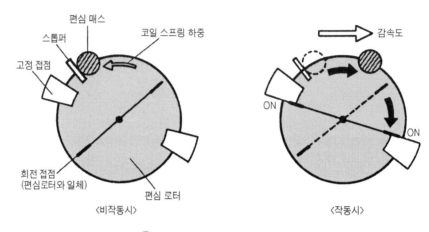

🔺 그림9-6 충격센서의 작동 원리

에어백 시스템을 SRS(Supplemental Restraint System)라고 표현하는 이유는 에어백을 장착한 차량이라도 안전벨트를 착용하지 않으면 그 만큼 위험도가 증가하기 때문에 보조 안전장치의 의미로 사용되기 때문이다.

그 밖에 SRS(에어백)용 충격 센서를 살펴보면 그림 (9-7)과 그림 (9-8)을 볼 수 있는데 그림 (9-7)의 구조는 충격에 의해 감속도가 높게 되면 관성력에 의해 볼이 공기 저항을 이기고 이동을 시작하게 된다. 이렇게 높은 감속도가 지속되면 볼이 회전에 의해 트리거 샤프트(trigger shaft)를 회전 시켜 점화 핀(firing pin)을 들어 올리게 되며 이 때 점화 핀은 점화 스프링의 힘에 의해 점화 핀을 사출하게 되고 인플레이터(inflator)내에 있는 화약에 착화시키도록 되어 있다.

그림 (9-8)은 바이어스 자석의 자력에 의해 감지 볼(sensing ball)을 끌어 당겨 우측(차량 후방)으로 유지(이때는 접점은 OFF 상태)하고 있다가 센서에 충격이 관성력 이상 가해지면 감지 메스(sensing mass)는 바이어스 자석의 흡인력을 이기고 자석으로부터 떨어져 좌측으로 이동하게 되어 이 때문에 접점은 ON상태가 되도록 되어 있다.

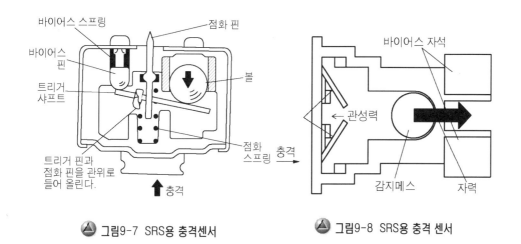

🔺 그림9-7 SRS용 충격센서　　　　🔺 그림9-8 SRS용 충격 센서

　SRS 시스템의 점검 중 주의해야 할 점은 전기적인 요소 뿐만 아니라 육안 점검도 중요한데 특히 센서나 에어백 ECU에 상처가 있거나 변형이 되어 있는 경우는 신품으로 교환하는 것이 좋다. 또한 센서 및 에어백 ECU의 고정 상태를 꼼꼼히 점검하여 정확히 죄어주어야 한다.

★ SRS 시스템 점검시 주의사항

　SRS(supplemental restraint system)용 충격용 센서의 점검시 주의해야 할 점은 기본적으로 아날로그 멀티-테스터를 사용하여 저항을 측정하지 않는 것을 원칙으로 한다. 아날로그 멀티-테스터는 전압을 측정 할 때 측정 프로브(probe)에는 멀티 테스터의 내부 전지에 의해 전압이 가해지고 있기 때문에 반드시 디지털 멀티-테스터를 사용 할 것을 주문한다. 이것은 점검중 테스터의 프로브의 인가 전압에 의해 에어백(air-bag) 인플레이터(inflator)가 오폭이 일어날 우려가 있기 때문인데 따라서 저항치 측정시 멀티테스터는 저항 측정의 최저 레인지에서 테스터의 프로브(probe)에 흐르는 전류는 2mA이상이 되어서는 안된다.

　또한 SRS 시스템을 점검시 인플레이터의 오폭을 방지하기 위하여는 반드시 배터리(−)케이블을 탈거하고 약 5분(메이커 마다 다름)정도가 지난 후에 점검을 개시하는 것이 좋다 이것은 SRS 시스템은 ECU(컴퓨터) 내에 데이터(data)를 유지하기 위한 내부 콘덴서(condenser)가 내장 되어 있어서 배터리의 (−)터미널을 탈거하여 ECU 내부에 있는 콘덴서에 충전 되어 있는 전하량을 방전하여 SRS 시스템 회로에 필요 없는 전압이 가해지지 않도록 하기 위함이다.

또한 자동차 메이커 마다 부르는 명칭을 다르지만 스티어링(steering)에 부착되어 커넥터는 스티어링-휠이 회전하는 경우 와이어 하니스(wire harness)가 단선되지 않도록 와이어-하니스도 같이 회전을 하게 되어 있어 조립시 회전 방향에 맞추어 주어야 한다.

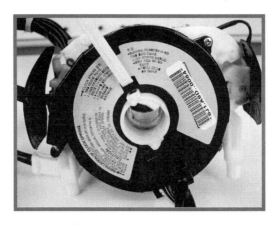

△ 사진9-9 에어백 클럭 스프링

스티어링-휠과 케이블 릴(cable reel)을 탈착하는 작업을 할 경우에도 마찬가지로 케이블-릴이 센터(center)에 위치 할 필요가 있는데 이것은 와이어 하니스의 길이는 약 5m이면 2.5m가 센터(중앙)가 되는 것으로 와이어-하니스가 센터(중심)에 맞지 않으면 스티어링-휠을 회전할 때 와이어 하니스가 단선 될 수 있기 때문이다.

SRS 시스템을 점검 후 취부 할 때에는 스크루(screw)가 손상 되었거나 녹이 슨 경우에도 신품으로 교체하는 것이 좋고 충격 센서에는 극성을 가지고 있기 때문에 프런트-마크(front mark)를 확인하여 유격이 없도록 조립하여야 한다.

(2) 전자 유도식 G 센서

전자 유도식 G(가속도) 센서는 트랜스(trans)의 상호 유도 작용을 이용한 것으로 그림 (9-9)와 같이 코어(core) 이동에 따라 출력 전압이 변화하는 것을 이용한 센서이다.

코어(core)의 변화는 자동차의 속도가 변화하면 관성의 법칙에 의해 자동차의 진행 방향과 역으로 사람의 몸은 작용하려는 관성력 때문이며 차량이 코너링 중에 횡 G로서 감지되는 원심력도 관성력으로 이와 같은 관성력에 의해 코어가 움직이면 출력 전압은 변화하는 것을 이용한 센서이다. 그림 (9-9)와 같은 트랜스(trans) 방식의 센서를 차동 코일형 G센서라고도 하며, 구조는 1차 코일에 일정 주파수의 교류 신호를 가하고 2차 코일은 서로 역극성으로 동일 전압이 출력 되는 코일이 직렬로 연결 되어 있어서 코어(core)가 2개의 2차 코일의 중앙에 위치하면 2차 코일에 유기 되는 교류 전압은 같아지지만 2개의 2차 코일의 출력 되는 위상은 서로 역위상이 되기 때문에 실제 출력되는 전압은 0(제로)이 된다.

이 G 센서에 감속도가 가해져 코어의 위치가 중앙을 벗어나면 2개의 2차 코일의 출력전압은 차가 발생하기 때문에 이 차이 만큼 출력 전압은 나타나게 된다. 이러한 현상을 이용해 코어(core)의 변위 크기에 비례하여 출력 전압은 (+)전압에서 (−)전압까지의 전압을 직류 전압으로 변환하여 자동차의 가속도를 검출하고 있는 센서이다.

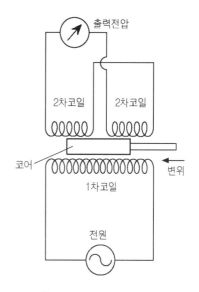

🔺 그림9-9 ABS용 G센서

★ **상호 유도 작용** : 코어(core)에 코일을 1차 코일과 2차 코일을 감고 1차 코일에 교류 신호를 가하면 1차 코일의 자기 유도 작용에 의해 2차 코일에도 전자 유도 기전력이 발생된다. 이 현상을 우리는 상호 유도 작용이라 하며 1차 코일의 전류 변화율에 따라 2차 코일에는 얼마만한 유도 기전력이 발생 할 수 있는 지를 나타내는 값을 상호 인덕턴스(natural inductance)라 한다.

[3] 압전 효과를 이용한 G 센서

그림 (9-10)은 반도체식 압전 효과를 이용한 G센서의 구조로 센서부에서 검출 된 신호는 하이브리드(hybrid) 기판 위에 증폭 회로 및 온도 보상 회로에 의해 증폭하여 출력하도록 하고 센서부에는 실리콘 기판 위에 확산 저항을 투입시켜 확산 저항이 관성력에 의해 변위될 때 저항값을 변화시켜 감지하도록 되어 있다.

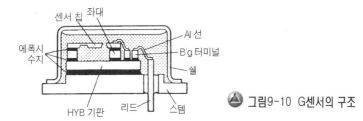

🔺 그림9-10 G센서의 구조

그림 (9-11)은 확산 저항의 회로를 나타낸 것으로 G센서에 가속도 또는 감속도를 받게 되면 확산 저항층 판에 형성된 비틀림 게이지(외형 게이지) 부분에는 메스(질량부)에 의해 응력이 가해지고 이 응력에 의해 확산 저항 즉 비틀림 게이지(외형게이지)의 저항 값이 변화하게 된다. 이렇게 검출된 저항 값은 브리지 회로로 이루어져 있어 선형 특성이 우수한 출력을 얻을 수 있다.

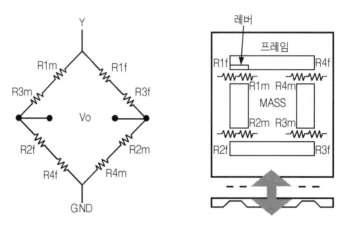

🔺 그림9-11 외형 게이지형 G센서의 구조

그림 (9-11)과 같은 방식의 스트레인 게이지(외형 게이지)는 4개의 연결 판을 통해 가속도에 대응 할 수 있도록 메스(질량부)를 두고 각각의 연결판 위에 대응하는 하나씩의 비틀림 게이지(외형 게이지)를 형성하고 있어서 게이지 형성부의 연결판과 메스(질량부) 불일치에 따라 발생하는 타축으로부터 감지된 값은 상쇄하도록 되어 있다. 이와 같이 4개의 연결 판을 통해 가속도를 대응할 수 있도록 한 센서의 방식을 4점 지지 방식이라 부르기도 한다.

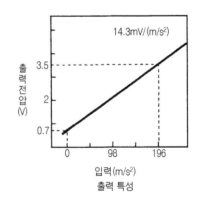

🔺 그림9-12 G센서의 출력 특성

그림 (9-12)는 가속도에 따라 하이브리드 IC를 거쳐 출력되는 G센서의 전압 특성을 나타낸 것이다.

[4] 정전 용량식 G 센서

정전 용량식 G(가속도) 센서는 기본적으로 그림 (9-13)과 같이 3층 구조로 되어 있어 양쪽의 있는 Y, Z판은 고정되고 중앙에 있는 X측 판이 상하 이동함에 따라 정전용량이 변화하는 구조로 되어 있다.

이렇게 변위하는 것은 자동차의 관성력에 따라 메스(질량부)에도 작용하게 되는 데 센서부와 질량부에 힘이 작용하는 방법에 따라 압축형과 전단형, 굴곡형으로 구분하고 있다. 압축형이 경우는 메스(질량부)가 센서부를 위에서 아래로 누르는 방식인 반면 전단형은 센서부가 메스(질량부)의 양쪽사이에 두어 좌우로 힘을 받는 방식이다. 이에 반해 굴곡형은 질량부에 의해 센서부가 휘어지는 정도에 따라 세라믹 센서가 굽어지게 되어 있어 면적에 의해 전하량이 축적이 달라지는 것을 이용한 센서이다.

굴곡형 센서는 휨 정도에 따른 전하량 축적으로 전하량이 시간에 따라 변화하게 되므로 직류 가속도 또는 저주파 가속도 범위까지는 검출하기 어렵다는 단점이 있다.

또한 압축형은 검출하는 힘이 방향이 정해져 있어 자동차의 가속도 검출 센서로는 잘 이용하고 있지 않은 방식이다.

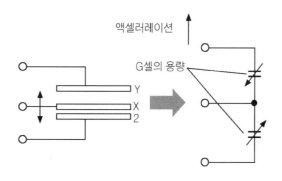

🔺 그림9-13 G셀의 등가 회로

이와 같은 정전 용량형 G센서의 구조는 이동 할 수 있는 하나의 플레이트(plate)가 2개의 고정 플레이트(plate)에 사이에 사진 (9-10)와 같이 나란히 깍지 낀 듯한 구조로 배열되어 있다.

이 센서는 차량의 가속도 및 감속도에 의해 중간 플레이트(plate)는 원래의 상태에서 편향되도록 되어 있어서 차량의 가속도 및 감속도에 따라 중앙에 있는 플레이트(plate)가

편향 될 때 한 쪽의 고정 플레이트(plate)까지 거리는 다른 쪽 플레이트(plate)로부터 거리가 감소하는 것만큼 같은 양으로 증가하게 되어 이렇게 차이가 나는 플레이트(plate)의 거리변화로 인해 즉 정전 용량 값이 변화로 가속도를 측정할 수 있는 센서이다.

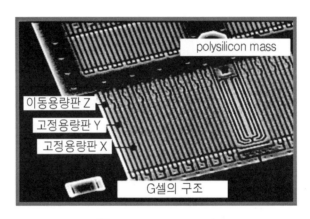

사진9-10 G셀의 구조

정전 용량식 G센서(G 셀)의 플레이트(판)들은 결국 2개의 back to back capacitor 를 형성하게 되는 셈이다.

따라서 가속도 및 감속도에 의해 중앙 플레이트가 움직이게 되면 2 플레이트 사이에 거리는 변화하게 되고 각각의 플레이트의 용량 값은 변화하게 된다.

이 때 발생되는 용량 값은 다음과 같다.

> **플레이트간의 용량값** $: C = \dfrac{\varepsilon A}{d}$
>
> 여기서, 플레이트 면적 : A
> 유전 상수 : ε
> 2플레이트 간 거리 : d

3 각속도를 검출하는 센서

1. 압전 효과를 이용한 각속도 센서

[1] 각속도 센서의 적용

그림 (9-14)는 요-레이트 센서(yaw rate sensor)를 이용한 ASC(Active Stability Control system)시스템의 구성도를 나타낸 것으로 이 시스템은 주행 상태에 따라 4륜이 독립하여 제동력 제어하는 시스템으로 전, 후방의 제동력 및 횡력을 제어하여 한계 이상 주행시 차량의 위험한 상태가 되는 것을 억제하는 사전 예방 시스템이다. 또한 이 시스템은 ABS(Anti lock Brake System) 및 TCS(Traction Control System) 시스템에 요-레이트(yaw rate)센서, 횡 G센서, 마스터 실린더압력 센서, 어큐뮬레이터 압력 센서가 추가가 된 시스템으로 첨단 사전 안전 예방시스템이다.

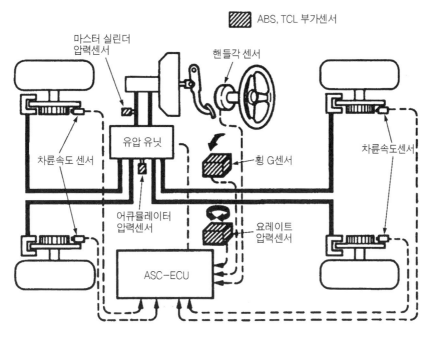

🔺 그림9-14 ABC 시스템 구성도

시스템의 제어 조건을 살펴보면 차량이 코너링 할 때에는 그림 (9-15)와 같이 차체는 언제나 바깥 방향으로 원심력이 작용하게 되는 데 이 원심력은 타이어는 원심력에서 보면 안쪽 방향에 으로 힘이 발생하게 되고 원심력과 안쪽으로 작용하는 힘이 밸런스(balance)가 유지되며 코너링(cornering)을 가능하게 함을 알게 된다.

이 때 안쪽 방향으로 발생되는 힘을 코너링 포스(cornering force)라 한다. FR차량은 구동축이 뒤에 있기 때문에 구동력을 크게 하면 하는 만큼 뒤쪽의 휠이 앞쪽보다 외측으로 미끄러짐이 크게 발생되어 결과로 뒤쪽 륜이 외측으로 흘러 차체는 코너(corner)의 내측으로 향하게 되어 오버-스티어(over steer)가 발생하게 된다.

이것은 앞서 진행하게 되면 차량은 자전(spin)하여 제어 불능하게 되며 주행중에 타이어의 스핀(spin), 슬립(slip) 현상은 조향 핸들이 안전성은 물론 구동성에도 악영향을 주기 때문에 안전성이 현저히 결여된다.

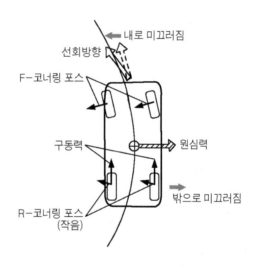

그림9-15 FR차량의 코너링 포스

따라서 ASC 시스템(Active Stability Control system)은 4륜을 독립적으로 제동력과 코너링 포스(cornering force)의 밸런스(balance)를 변화시켜 차량의 복원 모멘트를 발생시켜 차량의 자세를 제어하도록 하고 있다.

예를 들면 미끄러운 노면 위를 운전자의 의지에 반하여 차체가 언더-스티어(under-steer)상태에 있는 경우 앞측 외륜쪽의 제동력은 작아지고 뒤측 내륜쪽은 제동력을 증대

시켜 언더-스티어(under-steer)를 제어하는 방향으로 힘의 모멘트(moment)를 발생시킨다.

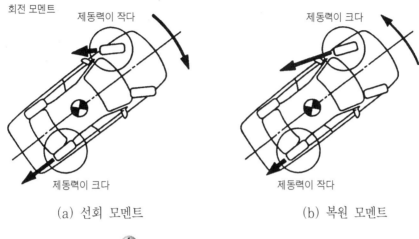

(a) 선회 모멘트   (b) 복원 모멘트

그림9-16 ASC 시스템의 작동 원리

반대로 차체가 오버-스티어(over steer) 경향이 있는 경우는 앞측 외륜쪽의 제동력을 증대시키고 뒤측 내륜쪽의 제동력을 감소시키므로서 오버-스티어(over steer)를 억제하는 방향으 복원 모멘트를 발생시킨다. 또한 ASC 시스템은 차체가 오버-스티어라고 판단하게 되면 앞측 내륜에도 제동을 걸어 감속시키므로서 완전한 코너링을 추구하도록 한 시스템이다.

> ★언더- 스티어(under steer) : 자동차가 일정한 속도로 일정한 반경을 선회 운동을 하고 있을 때 액셀러레이터를 밟아 속도를 올리면 차량은 원심력에 의해 운동원이 반경이 자연히 커지려는 특성을 갖게 되는 것을 말한다.
>
> ★오버-스티어(over steer) : 차량의 조향 특성 중에 하나로 일정한 속도로 일정한 반경을 선회하는 상태에서 액셀러레이터를 밟아 속도를 올리면 차량은 원심력과 코너링 포스와의 힘이 모멘트로 차량이 운동원이 반경이 작아지는 특성을 갖게 되는 것을 말한다. 이러한 성질의 자동차는 일정한 조향각으로 선회중 속도를 올리면 점차 작게 돌게 되는 경향이 있어 위험이 많이 따른다. 오버-스티어는 레이싱-카에 레이싱을 목적으로 적용하고 있으나 일반 승용차에는 적용하지 않고 있다.

[2] 각속도 센서

그림 (9-17)은 차체의 선회 각속도를 검출하는 진동형 각속도 센서로 진동하고 있는 4 각 봉에 회전이 가해지면 차량의 회전 속도에 따라 발생하는 코너링 포스(cornering force)를 진동자의 압전 소자를 통해 검출하는 진동형 각속도 센서이다.

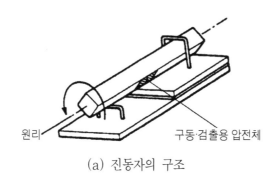

(a) 진동자의 구조

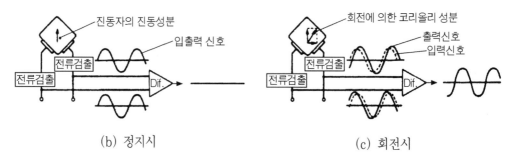

(b) 정지시　　　　　　　　　　　　　(c) 회전시

🔺 그림9-17 진동형 각속도 센서 원리

이 진동형 각속도 센서는 구동과 검출을 겸하하는 압전 소자 2매를 4각봉의 진동자에 인접 한 2개의 면에 부착되어 있어서 진동 접점을 유지할 수 있도록 되어 있다. 진동자가 회전을 하지 않을 때에는 2매의 압전 소자에서 발생되는 전압은 없어도 센서 내부의 발진 회로에 의해 동위상의 교류 신호가 발생되어 OP-AMP(연산 증폭기)를 통해 출력되는 데 OP-AMP(연산 증폭기)는 가해진 입력 전압의 차 만큼 증폭되어 지므로 이 때의 출력전 압은 입력의 전위차가 없어 출력 전압은 0(V)로 출력하게 된다.

반대로 센서의 진동자가 회전를 할 경우는 4각 봉의 2면에 부착된 2매의 압전 소자에 의해 발생되는 전압은 진동자에 부착된 압전 소자의 거리 차에 의해 발생되는 교류 신호 의 위상은 서로 달라 이 위상차 만큼 OP-AMP(연산증폭기)를 통해 증폭하게 되어 출력

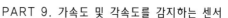

전압은 교류 신호 전압이 발생하도록 되어 있다.

즉 진동자의 회전의 진폭에 따라 압전 소자 회로에서 발생 되는 교류 신호의 위상차는 진동자의 회전 진폭이 크면 클수록 교류 신호의 위상차는 커져 결국 출력 교류 신호 전압은 위상차에 비례하여 출력하게 되어 있어서 차량의 선회 각속도를 검지할 수 있도록 한 센서이다.

그림(9-18)은 압전 진동판을 이용해 각속도를 검출하는 센서로 선회 각속도를 검지하는 압전 세라믹 소자와 차량의 진동을 검지하는 구동형 압전 세라믹 소자가 각각 2매로 되어 있는 각속도 센서이며 그림 (9-19)는 그 출력 특성을 나타낸 그래프이다.

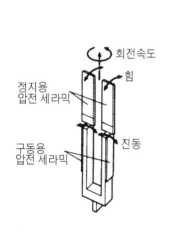

🔺 그림9-18 각속도 센서의 구조

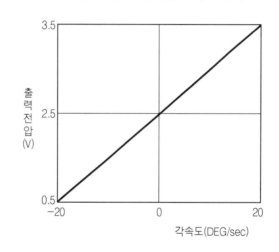

🔺 그림9-20 각속도 센서의 출력 특성

이와 같은 각속도의 점검은 그림 (9-19)와 같이 특성도가 있는 경우는 특성도에 표시된 출력 값을 확인하면 되지만 특성도가 없는 경우에는 정확한 진단은 하기가 쉽지 않다. 따라서 특성도가 없는 경우에 센서의 점검은 간이 점검 방법으로 먼저 센서가 어떤 종류의 동작 방식을 가지고 있는지를 알고 있으면 편리하다.

예컨대 센서가 기계식 스위치 접점 방식인지 피에조 저항 효과를 이용한 것이지 미리 알고 있으면 점검 방법에 대한 방법을 대응 할 수가 있어 간이 점검 방법이라도 점검이 가능하게 된다. 또한 피에조 저항 효과를 이용한 센서의 점검은 센서의 커넥터를 탈거하여 센서측간 저항을 측정하여 4.6kΩ ±0.3kΩ(메이커마다 다소 다름) 범위에 있으면 정상으로 판정한다.

10

광량 및 거리를 감지하는 센서

10 CHAPTER

광량 및 거리를 감지하는 센서

1 광 센서의 종류

1. 광 센서의 구분

빛을 검출하는 센서는 물질 내의 전자가 빛 에너지를 흡수하여 가전자대에 있던 속박되어 있는 전자가 전도대로 이동하여 자유 전자가 되는 현상으로 이 현상을 우리는 광전 효과라 부른다. 광전 효과에는 자유 전자가 고체 표면에서 외부로 튀어나오는 외부 광전 효과와 물질 내부에 머무르는 내부 광전 효과로 구분할 수 있다. 내부 광전 효과에는 빛 에너지에 의한 자유 전자의 증감으로 물질의 저항이 변화하는 광전도 효과와 빛 에너지에 의해 물질의 경계면에 기전력이 발생하는 광 기전력 효과로 구분되어 진다. 예를 들면 CdS 셀을 이용한 센서는 광전도 효과를 이용한 센서이며 포토 다이오드를 이용한 센서는 광 기전력 효과를 이용한 센서이다.

🔺 사진10-1 광전식 CAS 센서

🔺 사진10-2 레인 센서

그림 (10-1)은 광 기전력 효과를 이용한 포토 다이오드와 포토 트랜지스터의 구조를 나타낸 것으로 N형과 P형의 반도체를 접합시켜 N형 전극에는 캐소드(cathode)를 P형 전극에는 애노드(anode)의 전극을 리드 본딩(lead bonding)하여 만든 것으로 P형인 산화 실리콘 층을 통해 빛을 조사하도록 하고 있다.

그림 (10-1)의 (b)은 포토 트랜지스터의 구조를 나타낸 것으로 포토 다이오드와 마찬가지로 NP형 접합 반도체에 N형 반도체를 접합하여 만든 것으로 PN접합 포토 다이오드에 트랜지스터의 기능이 추가된 구조를 가지고 있다.

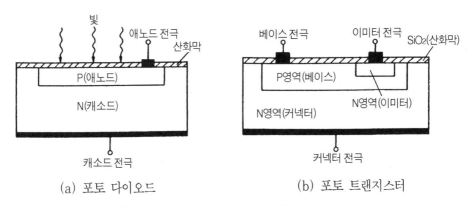

(a) 포토 다이오드   (b) 포토 트랜지스터

🔺 그림10-1 **포토 다이오드 및 포토 트랜지스터 구조**

이렇게 광전 효과를 이용한 센서는 응답 특성이 좋고 파장 감도가 넓으며 전기적인 잡음이 적고 소형화가 가능하여 빛을 감지하는 센서로서 폭 넓게 활용되고 있다. 또한 포토 다이오드는 표 (10-1)과 같이 사용 목적과 용도에 따라 다양하며 자동차용으로는 PN 접합 포토다이오드 및 포토 센서 IC(집적화 회로)가 많이 이용되고 있다.

그림 (10-2)는 출력측 개방시 포토 다이오드의 출력 특성을 나타낸 것으로 입사광에 따른 직선성이 우수한 특성을 나타내고 있고 그림(10-3)은 포토다이오드의 특성도를 나타낸 것이다.

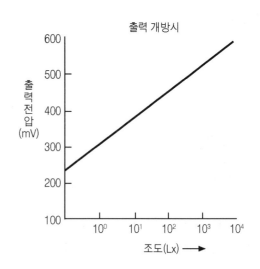

🔺 그림10-2 **포토 다이오드 출력특성**

종 류	용 도	특 징
PN 접합 포토 다이오드	센서, 조도계	광범위한 파장 감도
	노출계	검출 감도 우수
PIN 포토 다이오드	레이저 디스크	고속 응답 특성
	광통신	
애벌랜치 포토 다이오드	광통신	광범위한 파장 감도
		암전류가 작고 고속 응답 특성
GaAsP 포토 다이오드	광도계	시감도에 가까운 파장
	노출계	가시광선
포토(optical) IC	센서	신호 처리부 같이 있다.
	메카트로닉스	AMP의 내장으로 출력이 크다

[표10-1] 포토 다이오드의 종류별 용도

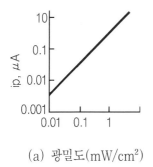

(a) 광밀도(mW/cm²)

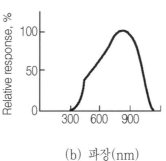

(b) 파장(nm)

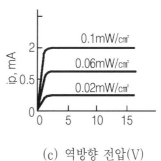

(c) 역방향 전압(V)

🔺 그림10-3 포토 다이오드의 특성

2 광 센서

1. 광전도 효과를 이용한 센서

CdS 셀(cell)은 빛의 세기에 따라 전기 저항이 변화하는 특성을 이용한 센서로 빛의 파장과 인간의 눈의 감도에 가까운 특성을 가지고 있어서 카메라의 노출계 및 어두워지면

자동으로 미등이나 전조등을 점등시키는 장치 및 야간에 전방의 차량으로부터 전조등의 불빛을 받으면 자동으로 헤드라이트의 빛을 감량하는 컨트롤 라이트 장치(control light system)에 센서로 사용하고 있다. 이 센서의 구조는 유리를 투과하여 조사 빛을 감지 할 수 있게 CdS(황화카드뮴)을 내장하고 있다. 이 곳에 사용되는 CdS 셀은 다결정 소자로 빛의 닿는 면적을 크게 하기 위해 지그재그로 CdS 셀 선을 배열하고 있다.

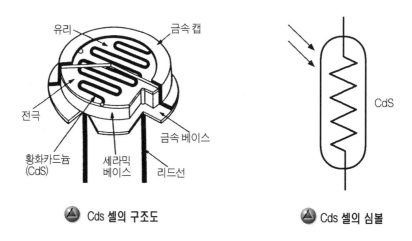

🔺 Cds 셀의 구조도   🔺 Cds 셀의 심볼

CdS 셀의 전기적인 특성은 서미스터의 온도 검출용 센서의 특성과 유사하며 그림 (10-6)과 같이 빛이 조사량이 증가하면 저항값은 감소하는 특성을 가지고 있어서 자동차의 오토-헤드라이트의 빛을 검출하는 센서로 사용하고 있다. 그러나 가격 및 크기에 있어서 포토 다이오드 보다 떨어지는 면이 있어서 그다지 사용을 많이 하지 않는 편이지만 빛에 량에 따라 저항이 변화하는 저항 변환 소자로 포토 다이오드나 포토 트랜지스터 보다는 저항과 동일한 방법으로 사용할 수가 있어 회로 설계가 편리한 장점을 가지고 있다.

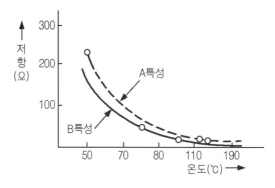

🔺 그림10-6 Cds셀의 특성도

이 CdS 셀은 그 특성상 응답 특성이 매우 느려 고속 스위칭 회로에는 부적합하므로 조도가 완만히 변화하는 곳에 센서로 사용 범위가 극히 제한적이다. 그러나 빛의 파장 감도에 있어서 인간의 눈과 흡사하고 회로 설계가 비교적 쉽다는 이점이 있기도 하다.

그림 (10-7)은 CdS 셀을 이용하여 빛의 밝기에 따라 라이트가 자동으로 점등되는 오토 라이트 회로를 나타낸 것으로 오토 라이트의 조명 회로를 살펴보면 먼저 날이 어두워져 CdS셀이 저항값이 증가하였다고 가정하면 ⓐ점의 전위는 내려가게 되고 ⓐ점의 전위가 내려가면 트랜지스터의 Tr_1 의 베이스 전류는 거의 흐르지 못하게 되어 Tr_1 은 스위칭 OFF 상태가 된다.

Tr_1 이 OFF 상태가 되면 트랜지스터 Tr_2의 베이스 전류는 저항 $1k\Omega$과 $22k\Omega$, $12k\Omega$으로 연결 되는 저항 회로에 의해 전압은 분압되어 Tr_2는 ON 상태가 되며 이때 Tr_3의 베이스 전류는 Tr_2의 ON 상태로 인해 컬렉터에서 이미터로 Ic(컬렉터 전류)가 흐르게 되므로 Tr_3의 베이스 전류는 Tr_2에 흐르는 컬렉터 전류에 의해 220Ω에 걸리는 전압 강하분 만큼 Tr_3의 베이스 전류는 흐르게 되어 Tr_3는 ON상태가 된다. 이렇게 Tr_3가 ON 상태가 되면 Tr_3의 컬렉터 전류에 의해 Tr_4의 베이스 전류가 흐르게 되어 Tr_4도 ON 상태가 되어 램프는 점등하도록 되어 있다.

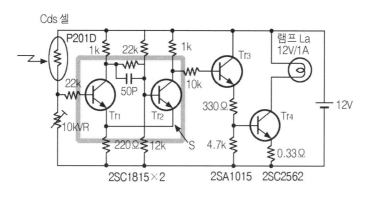

🔺 그림10-7 오토라이트 조명 회로

즉, 이 회로는 ⓐ점의 전위가 설정값 이상 내려가면 자동으로 램프가 점등하도록 한 회로로 트랜지스터 Tr_4 대신 릴레이를 사용하면 더 큰 전류를 제어 할 수가 있어서 큰 전류가 흐르는 전조등 회로도 제어 할 수가 있다.

이와 같은 CdS 셀을 이용하는 센서는 완만한 응답 특성 때문에 램프를 점등시키는 중

심으로 어느 범위 내에서는 트랜지스터의 스위칭 동작이 불안정 하게 동작 할 수 있으므로 실제 회로에는 전단에 슈미트-트리거 회로를 집어넣어 설정된 조도 범위 내에서 램프가 불안정하게 동작하는 것을 억제하고 있다.

이와 같은 CdS 셀은 포토 다이오드 보다 응답 특성이 현저히 늦어 암흑을 판단하는 단순한 장치의 센서로 적합하며 CdS 셀의 출력되는 광전류는 포토-다이오드와 크게 다르지 않으나 CdS 셀의 광전류는 인가 전압과 조도에 의존하기 때문에 출력 값을 증가 시킬 수 있다. 그러나 어느 정도 인가 전압을 증가시키면 광 전류가 증가하여 CdS 셀 자체에 자기 발열과 조도 지수가 변화하기 때문에 사용시 주의 하여야 한다. 이와 같은 광도전 효과를 이용한 셀의 종류에는 현재 황화카드뮴을 사용하고 있는 CdS 셀 외에도 셀렌 카드뮴 CdSe, 황화카드뮴 셀렌 CdSSe, 황산납 PbS 등이 사용되고 있다.

2. 광 기전력 효과를 이용한 센서

[1] 오토 라이트 센서

그림 (10-8)은 오토 라이트 회로의 구성도를 나타낸 것으로 포토 다이오드에 의해 빛을 미리 설정된 빛의 세기를 검출하고 검출된 광전류를 증폭하여 일정 시간 지연 타이머를 거쳐 릴레이를 구동하도록 되어 있다.

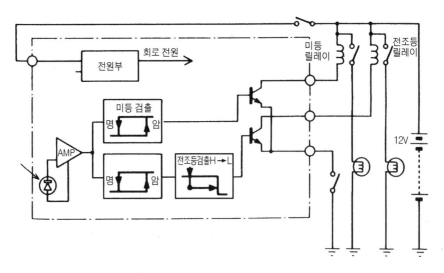

▲ 그림10-8 오토라이트 회로 구성도

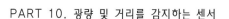

　광전 효과에는 빛의 세기에 따라 기전력이 발생하는 광 기전력 효과를 이용한 센서에는 크게 나누어 포토 다이오드와 포토 트랜지스터를 예를 들 수 있으며 그림 (10-9)는 전조등 및 미등의 자동 점등 장치에 사용되는 오토 라이트 센서의 구조를 나타낸 것이다. 이 센서는 사용 온도 범위가 −30℃ ~ 85℃까지 폭 넓게 사용 될 수 있는 신뢰성이 우수한 센서이다.

　구조도를 살펴보면 빛을 검출 하는 포토 다이오드와 검출된 신호를 증폭하고 증폭된 신호를 디지털 신호로 변환하기 위한 하이브리드 IC가 내장된 방식으로 전기적으로 ON, OFF 신호를 발생하게 되어 있는 센서이다.

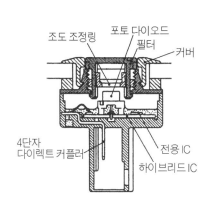

🔺 그림10-9 오토라이트 센서 구조

🔺 사진10-3 오토라이트 센서

　포토 다이오드나 포토 트랜지스터는 온도에 따라 특성이 크게 변화하는 성질 때문에 자동차용 센서로 사용하기 위해서는 별도의 온도 보상회로가 요구된다. 그림 (10-10)은 오토 라이트 센서의 특성을 나타낸 것으로 빛의 조도에 따라 미리 설정된 조건에 따라 흐림 릴레이(relay)와 어둠 릴레이(relay)의 작동 시간을 나타내고 있다.

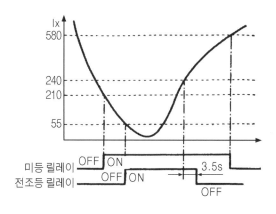

🔺 그림10-10 오토라이트 센서 특성

[2] 일사 센서

오토 에어컨 시스템은 차량의 실내 공간을 보다 쾌적한 공간을 만들기 위해 차량의 실내 및 실외의 온도를 검출하고 비교하여 적정 온도를 제어하고 일사량을 검출하여 냉매의 팽창 계수를 산출하여 냉매의 순환 사이클의 량을 컴프레서의 ON, OFF 제어하도록 하고 있다.

그림 (10-11)은 오토 에어컨의 시스템 구성도를 나타낸 것으로 이곳에 사용되는 일사 센서는 광기전력 효과를 이용한 포토 다이오드를 사용하고 있다.

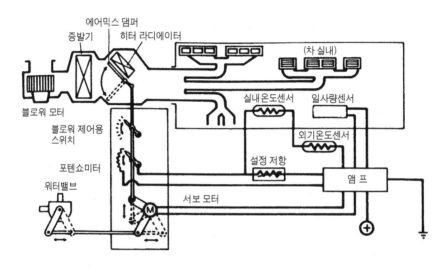

🔺 그림10-11 오토에어컨 시스템 구성도

그림 (10-12)는 일사 센서의 구조도를 나타낸 것으로 우측에는 일반적으로 나타내는 포토 다이오드의 등가 회로를 나타낸 것이다.

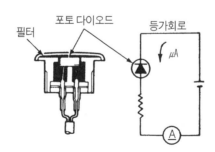

🔺 그림10-12 일사센서의 구조

즉 포토 다이오드는 일사량에 따라 광전류가 흐르게 되고 그 출력 값은 그림 (10-10)에 나타내었다. 이곳에 사용되는 일사 센서는 일사량이 약 1000룩스(Lx) 정도에서는 약 $13\mu A$의 광전류가 흐른다.

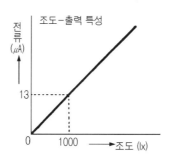

▲ 그림10-13 일사센서의 특성도

[3] 라이트 컨트롤 센서

그림 (10-14)는 라이트 컨트롤 시스템에 사용되는 센서로 이 시스템은 야간에 전방 차량의 전조등 불빛으로 운전자의 안전을 위해 라이트 컨트롤 센서에서 입사된 광의 세기에 따라 자신의 차의 전조등의 밝기를 감량하는 하여 상대의 운전자가 안전하게 운전 할 수 있도록 한 시스템이다. 이 시스템에 사용한 센서는 포토 IC 화(집적화)된 회로를 사용하고 있어서 출력측에는 디지털 신호로 출력하여 라이트 컨트롤 시스템에 입력하고 있다.

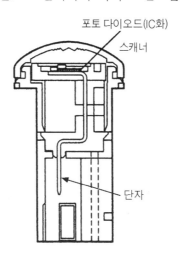

▲ 그림10-14 라이트 컨트롤 센서

[4] 레인 센서

사진 (10-4)은 광학식 레인 센서(rain sensor)를 나타낸 것으로 비의 량에 따라 와이퍼 모터(wiper motor)의 회전 속도를 제어하기 위해 비의 량을 검출하는 센서이다.

이 센서의 내부에는 송광부인 발광 다이오드(LED)와 수광부인 포토 트랜지스터로 구성 되어 있어서 비가 오지 않을 때에는 발광 다이오드에서 발생 되는 발광 파형의 진폭은 수광부인 포토 트랜지스터에 그대로 그 진폭이 전달되어 일정한 파형이 발생하게 되지만 빗물이 레인 센서(rain sensor)의 투시 창에 떨어지면 투시 창에 떨어진 빗 물방울의 발광 다이오드에서 발광하는 빛의 편란되어 수광부에 전달되며 수광부에는 그대로 파형이 진폭 변화가 생기게 된다. 이 진폭 변화는 빗 물방울의 크기와 우량에 비례하여 감쇄하기 때문에 진폭 변화의 피크값을 검출해 컨트롤러(controller)에 입력하여 이 피크(peak) 값에 비례하여 와이퍼 모터의 작동 시간을 설정하고 있다.

🔺 사진10-4 레인센서

🔺 사진10-05 레인센서의 빗물 투시 창

 **거리를 감지하는 센서**

1. 초음파 센서

거리를 측정하는 센서 중에는 광학을 이용한 방식과 초음파를 이용한 방식이 사용되고 있는 데 그 중 자동차에서는 초음파를 이용하여 거리를 측정하는 방식을 사용하고 있다.

초음파는 인간이 들을 수 있는 가청 주파수(20Hz ~ 20kHz)이상의 주파수를 가진 음
파로서 반사 및 감쇄 효율이 크고 매질에 따라 전파의 속도가 달라서 여러 가지 용도로 이
용되고 있는 음파이다.

예컨대 병원에서 환자를 진단하기 위한 초음파 진단기가 있는가 하며 물속의 전파 속도
가 대기 중 보다 훨씬 커 초음파 세척기 및 수중 음파 탐지기, 어군탐지기 초음파의 반사
파를 이용한 거리계 등을 예를 들 수가 있다. 또한 초음파를 이용하여 공기 유량을 측정하
기도 하고 자동차가 전·후진할 때 운전자가 볼 수 없는 4각 지역의 물체를 감지하여 경고
하는 물체 감지 시스템에 이용되기도 한다.

그림 (10-15)는 초음파를 이용하여 물체의 유무를 확인 하는 장치의 회로도를 나타낸
것으로 초음파를 발생하고 동시에 수신을 겸하는 압전 세라믹 진동자를 사용하고 있다.

이 회로는 송신부에 20Hz와 40㎑를 변조하기 위해 NAND gate 회로와 버퍼(buffer)
회로를 사용하고 압전 세라믹을 소자를 진동하기 위해 고주파 펄스 트랜스를 사용하고 있
는 회로이다.

수신부에는 반사파를 수신하여 파형을 정형하기 위해 고속 다이오드를 사용하여 클립
(clip)시키고 연산 증폭기를 이용하여 증폭하고 있는 회로이다.

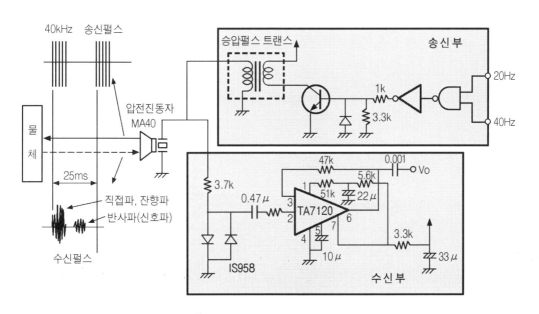

🔺 그림10-15 송수신 겸용 거리계

2. 초음파를 이용한 거리 감지 센서

그림 (10-16)은 압전 세라믹 소자를 사용한 초음파 센서의 구조로 내부에는 송, 수신 장치를 겸하고 있다. 이 센서의 송신부에는 압전 세라믹 소자에 약 35kHz 교류 전압을 인가하여 압전 세라믹 진동자가 초음파를 발생하도록 하고 수신부에는 물체로부터 반사파에 의해 기계적 진동이 압전 세라믹 진동자에 가해져 교류전압이 발생하게 된다.

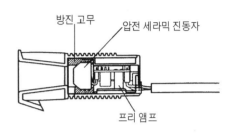

그림10-16 초음파용 센서의 구조

이때 발생되는 반사파의 신호는 반사파의 시차에 따라 진폭이 변화 하므로 진폭이 큰 값을 기준으로 송신파와 수신파 간에 시차를 컴퓨터를 통해 거리를 연산하도록 하고 있다. 음파는 공기중에 전파 속도가 343(m/s) 정도로 늦고 또한 매질에 따라 다르기 때문에 초음파를 이용한 센서로서는 레이더(radar)와 같이 장거리를 측정하는 데에는 이용할 수 없다.

따라서 주로 그림 (10-17)이나 그림 (10-8)과 같이 근거리 물체의 거리를 감지하는 곳에 이용 된다. 또한 초음파는 지향성을 가지고 있기 때문에 피측정 물체의 위치가 송신파에 직접 전달되지 않는 곳에 위치하게 되면 그림 (10-8)과 같이 초음파 센서가 물체를 감지 할 수 없는 불감대 지역이 존재하게 된다.

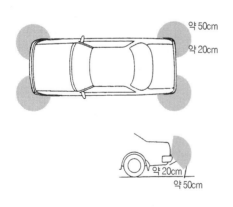

그림10-17 초음파 센서의 검지 범위

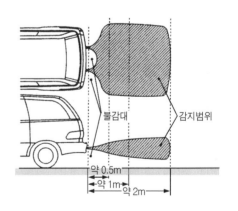

그림10-18 초음파 센서의 감지 범위

일반적으로 자동차에서는 피측정 물체와 거리가 수 미터(m) 내외인 거리를 측정하게 되며 피측정 물체와의 거리가 가까울수록 경고음이 빨라지도록 운전자에게 경고하는 방식을 사용하고 있다. 그림 (10-17)은 50(㎝)이내에서는 단속음을 20(㎝) 이내에서는 연속음을 내도록 하고 있는 방식이며 그림 (10-18)의 2(m)이내에서는 서서히 단속음을 시작하여 1(m)이내에서는 단속음을 0.5(m)이내에서는 연속음을 내어 운전자에게 알려주는 방식을 채택하고 있다.

그림 (10-19)는 송신 주파수 40(kHz)를 사용하여 송신한 송신 주파수와 반사파를 수신한 파형을 오실로스코프로 관측한 그림이다.

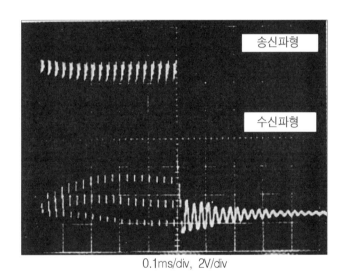

0.1ms/div, 2V/div

▲ 그림10-19 초음파 송수신 파형

★초음파의 성질
- 매질에 따라 전파 속도가 다르다
- 온도와 습도에 따라 전파 속도가 다르다
- 초음파는 반사 효율이 높다
- 주파수가 높을수록 지향성이 강하다
- 넓은 지역을 커버 할 수 있다.

4 센서 출력 파형

1. 여러 가지 센서 출력 파형

앞서 설명한 내용과 같이 자동차에 이용되고 있는 센서의 종류는 용도 및 방식에 따라 감지된 신호의 출력 파형 또한 유사하여 잘 정리하여 두면 자동차를 배우는 사람에게는 많은 도움이 되리라 생각한다.

따라서 지금까지 배운 센서의 출력 파형을 살펴보면 그림 (10-20)은 시속 40km/h시의 홀-센서 방식의 차속 센서 파형을 나타낸 것이며 그림 (10-21)은 시속 20km/h시의 CH1은 홀-센서 방식의 차속 센서를 관측한 것이다. 또한 CH2는 전자 유도(마그네틱 픽업) 방식의 휠-스피드 센서 파형을 나타낸 것이다.

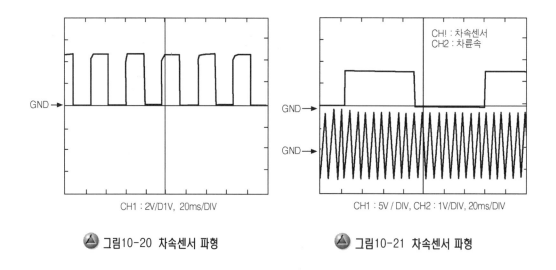

CH1 : 2V/D1V, 20ms/DIV	CH1 : 5V / DIV, CH2 : 1V/DIV, 20ms/DIV
🔺 그림10-20 차속센서 파형	🔺 그림10-21 차속센서 파형

그림 (10-22)는 전자 유도 방식을 이용한 CPS(Cam Position Sensor)와 CPS의 아이들링시 파형을 관측한 것이다. 그림 (2-23)은 홀 센서 방식의 아이들링시 CPS(캠-포지션 센서)와 CAS(크랭크 각 센서)의 파형을 나타낸 것이다.

그림 (10-24)는 홀 센서 방식의 아이들링시 CAS 센서 파형을 나타낸 것으로 CH1은 압축 상사점 검출용으로 이용되며 CH2는 크랭크 각 180° 검출용으로 이용되는 센서이다.

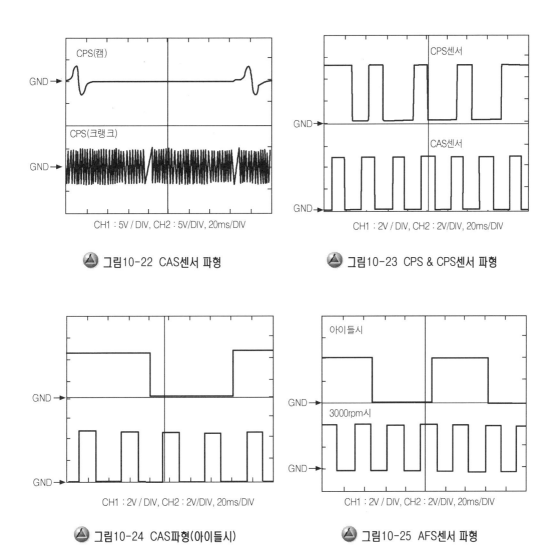

그림10-22 CAS센서 파형

그림10-23 CPS & CPS센서 파형

그림10-24 CAS파형(아이들시)

그림10-25 AFS센서 파형

그림 (10-26)은 히터 내장형 지르코니아식 산소 센서의 피드백 파형을 나타낸 것이며 그림 (10-27)은 3000rpm시 산소 센서의 파형을 나타낸 것이다.

그림 (10-28)은 히터 내장형 지르코니아식 광대역 공연비 센서로 전지작용과 펌핑작용을 같이 사용한 펌프 셀 방식의 광대역 공연비 센서로, CH1은 아이들링시 광대역 공연비 센서의 기준 신호를 나타내고 CH2는 펌핑 전류 파형을 관측한 것이다.

그림 (10-29)는 ECU로부터 히터를 제어하는 히터 제어 파형을 나타낸 것이다.

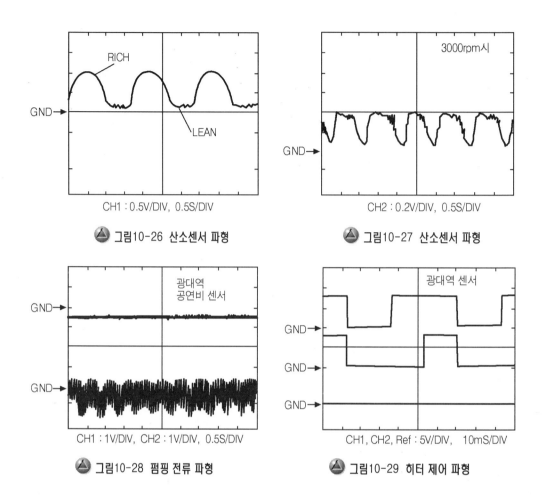

CH1 : 0.5V/DIV, 0.5S/DIV

🔺 그림10-26 산소센서 파형

CH2 : 0.2V/DIV, 0.5S/DIV

🔺 그림10-27 산소센서 파형

CH1 : 1V/DIV, CH2 : 1V/DIV, 0.5S/DIV

🔺 그림10-28 펌핑 전류 파형

CH1, CH2, Ref : 5V/DIV, 10mS/DIV

🔺 그림10-29 히터 제어 파형

그림 (10-30)과 그림 (10-31)은 TPS와 아이들 SW의 접점 파형을 나타낸 것으로 TPS전폐시는 0.5V, 전개시는 4.9V이며 아이들 SW는 전폐시 0V, 전개시는 12V이다.

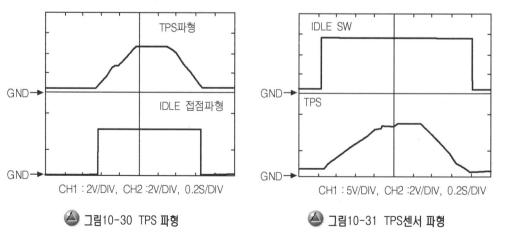

CH1 : 2V/DIV, CH2 :2V/DIV, 0.2S/DIV

🔺 그림10-30 TPS 파형

CH1 : 5V/DIV, CH2 :2V/DIV, 0.2S/DIV

🔺 그림10-31 TPS센서 파형

그림 (10-32)는 아이들링시 홀-센서 방식의 크랭크각 센서 파형을 나타낸 것이며 그림 (10-33)의 CH1은 린번 엔진에 적용한 연소압 센서의 파형을 주행시 관측한 파형이다. 여기서 CH2는 전자 유도 방식의 크랭크 포지션 센서 출력 파형을 나타낸 것이다.

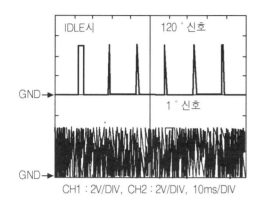

그림10-32 CAS센서 파형

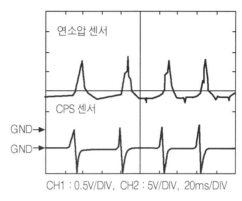

그림10-33 연소압 센서 파형

그림 (10-34)는 시속 40km/h시 노크 센서 파형을 관측한 것이며 점화 키 ON시에는 3.99V가 측정된 노크 센서의 출력값이다. 그림 (10-35)는 아이들링시 노크 센서 파형을 관측한 것이며 점화 키 ON시에는 0.06V가 측정된 노크 센서의 출력값이다.

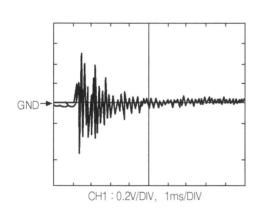

그림10-34 노크센서 파형

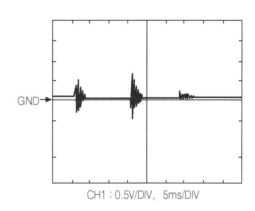

그림10-35 노크센서 파형

그림 (10-36)의 CH1은 1-4 기통의 점화 신호 파형은 나타낸 것이며 CH2는 이그니션 페일러 센서 신호 파형이다.

한편 그림 (10-37)은 아이들 스피드 제어의 스텝 모터의 출력파형을 측정한 것이다.

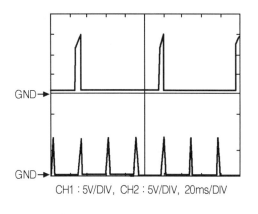

CH1 : 5V/DIV, CH2 : 5V/DIV, 20ms/DIV

▲ 그림10-36 이그니션 페일러센서

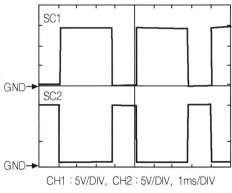

CH1 : 5V/DIV, CH2 : 5V/DIV, 1ms/DIV

▲ 그림10-37 아이들 회전수 제어 파형

11
스텝핑 모터

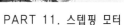

11 CHAPTER

스텝핑 모터

1 스텝핑 모터의 종류

1. 스텝핑 모터의 구분

컴퓨터 산업의 발달과 더불어 자동차 기술 또한 인간의 편의성, 안전성, 친 환경성 등을 추구한 각종 전자 장치들이 발전을 거듭하며 실용화 되고 있다. 이와같은 전자 제어 시스템에 적용 되는 시스템의 기본 구성은 각종 센서로부터 신호를 ECU(전자 제어 장치)에 전달하여 ECU(전자 제어 장치)는 전달 된 센서 신호를 바탕으로 미리 설정된 신호로서 정보를 액추에이터(actuator)에 전달하여 구동하도록 되어 있어서 이러한 전기적인 정보를 받아 목표값까지 정교하게 구동하게 위해여는 액추에이터가 보다 정밀하게 응답하지 않으면 안된다.

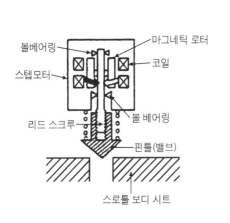

🔺 그림11-1 ISC 서보 구조

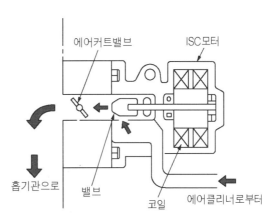

🔺 그림11-2 ISC밸브의 구조

따라서 이와 같은 정교한 목표값 까지 제어하기 위해 사용하는 것 중 하나가 스텝핑 모터(stepping motor) 또는 스텝 모터(step motor)이다.

스텝핑 모터는 본래 공장 자동화의 구동기구나 로봇 팔의 관절 부위와 같은 정밀 회전 제어 기구로 개발 되어 사용 돼 오던 것을 자동차의 전자 제어 기술의 도입으로 그 사용용도는 날로 증가 추세에 있다.

🔺 그림11-1 ISC 서보 모터 ASS'Y

스로틀 밸브 모터

🔺 그림11-2 스로틀 밸브 제어 모터

이 스텝핑 모터는 자동차의 경우에 엔진 아이들 회전수 제어, 정속 주행 장치(cruise control system)에 이용되는 스로틀 밸브의 개도 제어에 이용이 되며 계기판의 지침 구동용은 물론 TCS(Traction Control System)의 엔진 회전수 제어 및 쇽업소버의 감쇄력 제어에 이루기까지 정밀하게 회전 제어가 필요한 곳에 다양하게 활용하고 있다. 이 스텝핑 모터의 특징을 살펴보면 다음과 같다.

◆ 스텝핑 모터의 특징
 ① 디지털 신호로 제어한다.
 ② 기동, 정지, 정회전, 역회전이 용이하다.
 ③ 응답성이 좋다.
 ④ 모터의 회전 각도를 정밀하게 제어 할 수 있다.
 ⑤ 브러시가 없어 신뢰성이 우수하다.

[1] 구조상 분류

현재 사용되고 있는 스텝핑 모터를 구조상으로 분류하여 보면 그림 (11-3)과 같이 VR 형(Variable Reactance형), PM형(Permament Magnet형), 하이브리드형(hybrid 형)이 있다.

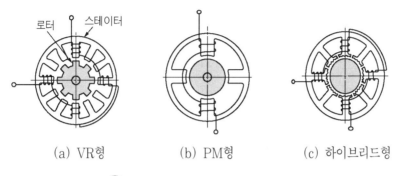

로터   스테이터

(a) VR형   (b) PM형   (c) 하이브리드형

🔺 그림11-3 스텝핑 모터의 구조상 분류

① VR형(가변 리액턴스 형)

로터(회전자)가 자화 되어 있지 않은 다수의 돌기를 가진 상태로 되어 있으며 로터(회전자) 주위에는 다수의 자극을 가지는 코어를 두어 스테이터 코일에 전류를 흘리면 스테이터(다수의 자극을 가지는 코어)를 통해 가변하여 회전자를 자화시키는 방식이다.

② PM형(영구 자석형)

로터(회전자)를 페라이트 자석(영구 자석)을 사용하고 이 페라이트 자석 주위에 스테이터코일을 두어 스테이터 코어를 자화하므로서 회전력을 얻고 있는 방식이다. 이 방식은 로터를 자석으로 사용하므로 VR형과 달리 회전자에 다수의 돌기부가 없는 것이 특징이다.

③ 하이브리드형(복합형)

로터(회전자)는 자화된 다수의 돌기를 가지고 있어 VR형과 PM형의 복합형 방식이다.

[2] 권선 방식에 의한 분류

유니 폴러 권선(unipolar 권선) 방식은 스테이터의 자극을 단일 여자 권선으로 하고 스테이터 코일에 흐르는 전류의 방향을 서로 바꾸어 흐르게 하여 코어의 자극을 바꾸어 회전력을 얻고 있는 방식이다.

반면 바이폴러(bipolar)권선 방식은 그림 (11-5)와 같이 스테이터의 자극에 코일의 감는 방향을 서로 역으로 교차하도록 권선 2개를 감아 스테이터 코일에 흐르는 전류는 일정 방향으로 흐르게 하는 방식이다.

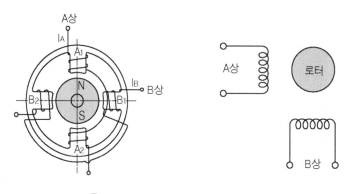

🔺 그림11-4 유니폴러 권선방식의 구조

[3] 구동 방식에 의한 분류

유니폴러 구동 방식은 여자 전류를 일정한 방향으로 흐르게 하여 스테이터의 극성이 항상 동일 극성으로 자화 시키는 방식이다. 반면 바이폴러 구동 방식은 로터(회전자)에 대응 시키는 방식으로 여자 전류의 흐르는 방향을 서로 바꾸어 스테이터의 극성을 자화 시키는 방식이다. 이와 같은 방식의 종류 중에는 자동차용으로 사용하고 있는 스텝핑 모터는 주로 PM형(영구 자석형)에 바이폴러 권선 방식으로 유니폴러 구동 방식을 채택하고 있다.

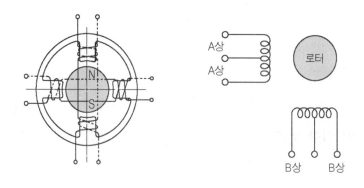

🔺 그림11-5 바이폴러 권선방식의 구조

 2 스텝핑 모터의 구조와 원리

 1. 스텝핑 모터의 구조

그림 (11-6)은 자동차용으로 많이 사용되고 있는 영구 자석형(PM형) 바이폴러 권선 방식의 구조를 나타낸 것으로 로터와 A상, B상 각 2조의 스테이터 코일로 구성되어 있으며 여기에 사용되는 로터는 페라이트계의 영구 자석으로 N극에서 S극으로 서로 바뀌어 가며 12~24개의 자극을 조립 또는 자화시켜 놓은 것으로 로터(회전자)의 양단부에는 회전이 원활히 되도록 볼-베어링(ball bearing)을 삽입시켜 놓고 있다.

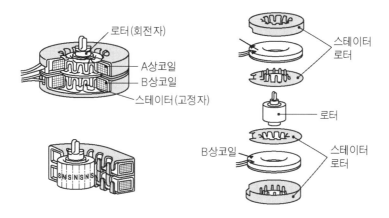

△ 그림11-6 스텝핑 모터의 구조

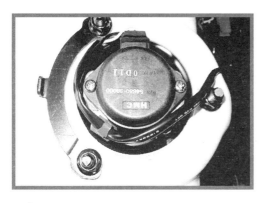

△ 사진11-3 ECS감쇄력 제어 스텝핑 모터(정면)

△ 사진11-4 ECS 감쇄력 제어 스텝핑 모터(측면)

또한 스테이터(고정자)에는 스테이터 코일에 스테이터의 코어를 끼워 넣은 2개의 코일이 상단과 하단으로 배치되어 있다. 스테이터 코일의 권선 방식은 바이폴러 권선 방식으로 A상에 2개의 코일과 B상에 2개의 코일이 각각 교차하여 감아 놓아 전체로는 4개의 코일이 있는 셈이 된다.

스테이터 코어에는 자극으로 작용하는 돌기가 6~12개가 있고 그 스테이터 코어는 아래 위로 A상에 2조, B상에 2조로 합계 4조가 있다. 이렇게 배치된 스테이터 코어를 지면에 펼쳐 나타낸 것이 그림(11-7)과 같이 그림 (a)는 로터(영구 자석)의 자극 배열을 나타낸 것이며 그림 (b)는 스테이터(고정자) 코어의 자극 배열을 나타낸 것이다.

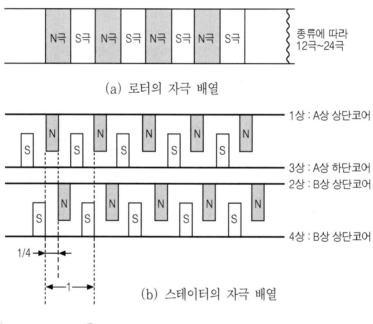

그림11-7 로터 및 스테이터의 자극 배치도

바이폴러 권선 방식은 A상과 B상이 각각 권선 방향을 서로 가로 질러 감은 코일을 2조 갖고 있어서 이 코일에 전류를 흘리면 그림 (11-7)의 (b)와 같이 스테이터 코어는 상하 어느쪽 방향이라도 한쪽이 N극이 되면 반대쪽은 S극으로 자화된다. 위에 나타낸 (b)의 그림은 1상과 2상 코일에 전류가 흐른 상태로 상단이 공히 N극으로 자화되어 있는 상태를 나타내고 있다. A상 코어와 B상 코어는 코어의 피치(pitch)가 회전각도를 나타낸 것으로 1/4의 위상씩 회전하게 되어 있다.

　사진 (11-7) ～ 사진 (11-12)는 실제 자동차에 사용되는 ISC(Idle Speed Control) 서보 모터의 바이폴러 권선 방식 분해도를 나타낸 것으로 사진 (11-9)와 같이 로터 ASS′Y와 스테이터 ASS′Y로 구분 되며 스테이터 ASS′Y를 살펴보면 상단과 하단에 A 상과 B상의 코일이 2조로 조립되어 있고 스테이터(고정자) 코일을 사이에 두고 스테이터 코어의 상측과 하측을 끼워 넣는 형식으로 되어 있어 스테이터 코일에 전류를 흘리면 코어의 상측에 N극으로 자화 되면 하측에는 S극이 자화된 코어의 자극이 상측에 6개 하측에 6개가 있는 방식을 볼 수가 있다. 따라서 로터(회전자)의 자극은 스테이터의 배수인 N극 12개의 극과 S극 12개의 극을 가진 도합 24개의 자극을 가진 영구 자석 임을 알 수 있다.

🔺 사진11-5 스로틀 밸브 스텝핑 모터

🔺 사진11-6 스로틀 밸브 스텝핑 모터 내부

🔺 사진11-7 ISC서보 ASS'Y

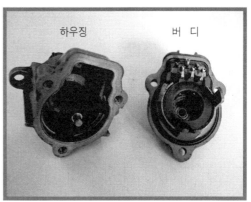

🔺 사진11-8 하우징과 보디

▲ 사진11-9

▲ 사진11-10

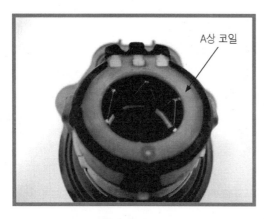

▲ 사진11-11

▲ 사진11-12

2. 스텝핑 모터의 원리

　A상에 2개 B상에 2개의 스테이터 코일에 순번 데로 전류를 흘려 스테이터 코일의 여자를 변화 시키면 로터(회전자)는 회전을 하게 되는 데 로터는 전류의 순번 변화에 따라 코어와 흡인, 반발을 하며 1스텝씩 회전을 하게 된다.

　그림 (11-9)는 스테이터 코어를 A상 및 B상의 상측과 하측의 4조 코어를 직선상에 전개한 그림으로 2상 여자 방식은 2조가 동시에 여자가 되며 로터는 전류의 흐르는 순서에 따라 1 스텝씩 회전하게 된다.

이와 마찬가지로 그림 (11-9)의 스테이터 코어는 A상에 2조 B상에 2조로 되어 있어 결국 SS, NN순서로 나열 되어 있는 것과 같다.

이때 로터의 자극은 N극에서 S극이 서로 교번하여 나열되어 있어 그림(11-8)과 같이 스테이터 코일에 순서대로 1상에서 4상까지 순서대로 전류를 흘리면 정지 상태에 있던 로터는 스테이터 코어의 자극 변화로 흡인력과 반발력을 동시에 받으며 로터의 N극은 점점 우측을 향해 이동하게 된다.

①은 N극에서 S극이 서로 마주보고 있어 정지 상태가 된다.

②는 스테이터 코어의 여자를 ①에서 ②로 한 스텝 우측으로 이동시키면 N극과 S극이 위치가 변화해 N극과 S극은 흡인력에 의해 맞추게 되고 N극과 N극, S극과 S극은 반발력에 맞추게 되어 로터는 회전력이 발생한다.

③은 ②의 회전력이 발생하여 1스텝 이동한 상태가 된다.

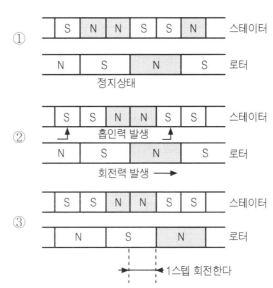

🔺 그림11-8 스테이터 코일이 1상에서 4상까지 전류를 흘릴 때 자극 배열

1 → 2 → 3 → 4순으로 전류 흐름 ▶N극의 이동방향
4 → 3 → 2 → 1순으로 전류 흐름 ◀N극의 이동방향

🔺 그림11-9 A상과 B상 코어의 상단과 하단을 직선상으로 전개한 자극 배열

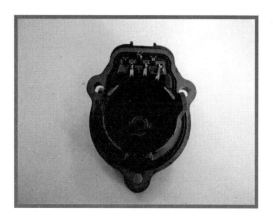

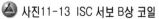
🔺 사진11-13 ISC 서보 B상 코일

🔺 사진11-14 A상 코일

3 스텝핑 모터의 여자 방식과 점검

1. 스텝핑 모터의 여자 방식

바이폴러 권선 방식의 스텝핑 모터에서는 4조의 스테이터 코일을 순번에 따라 여자하는 것에 의해 로터는 회전을 하기 때문에 스텝핑 모터를 회전시키기 위해서는 스텝 모터의 컨트롤 회로나 ECU(컴퓨터) 내에 미리 설정된 프로그램을 하여야 한다.

이렇게 설정된 프로그램의 신호는 구동회로인 트랜지스터를 ON, OFF 제어하며 스테이터 코일을 여자 시키고 있다. 이 같은 여자 방법에는 그림 (11-10)과 같이 여러 가지 방식이 있지만 자동차용으로는 구동 토크가 큰 2상 여자 방식이 많이 사용되고 있다. 먼저 1상 여자방식을 살펴보면 다음과 같다.

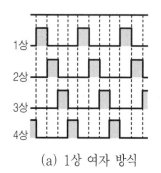
(a) 1상 여자 방식

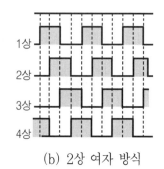
(b) 2상 여자 방식

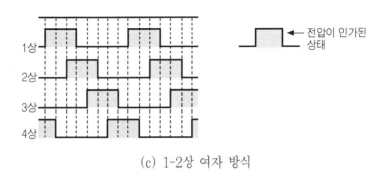

(c) 1-2상 여자 방식

🔺 그림11-10 스텝핑 모터의 여자 방식

① 1상 여자 방식

스테이터 코일을 1상만 여자하므로 소비 전력이 적은 이점은 있지만 모터의 구동 토크가 적어 지는 단점이 있다. 스텝핑 모터의 전류 흐름을 제어하기 위해 그림 (11-11)과 같이 1상 → 2상 → 3상 → 4상 순으로 전류를 흘려주는 순차 제어방식이다.

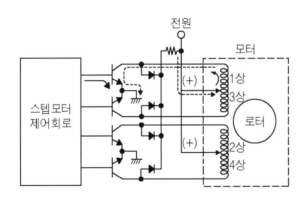

🔺 그림11-11 1상 여자방식의 전류 흐름

② 2상 여자 방식

2상을 동시에 여자하므로 소비 전력은 다소 많은 편이지만 구동 토크가 큰 것이 장점이다. 스텝핑 모터의 회전을 시키기 위해서는 그림 (11-12)와 같이 1상의 전류가 흐른 후 위상 지연 시간을 갖은 후 2상의 전류를 흐르게 하는 방식으로 2상 - 3상, 3상 - 4상 순으로 전류를 흐르게 하는 방식이다.

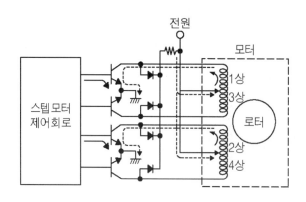

🔺 그림11-12 2상 여자방식의 전류 흐름

③ 1-2상 여자 방식

1상 여자 방식과 2상 여자 방식을 서로 교대로 수행하는 방식으로 1상 여자 방식과 2상 여자 방식의 장점을 살린 복합 여자 방식으로 구동시에는 토크가 큰 2상 여자 방식의 장점을 살린 반면 토크가 크게 필요 없는 고속 회전시에는 1상 여자 방식의 장점을 살려 복합 구동하게 하는 방식이다. 이 방식을 사용하는 목적은 어느 정도의 큰 구동 토크를 얻을 수 있으면서 모터의 회전을 부드럽게 회전 시킬 수 있다.는 것이 큰 장점이다.

지금까지 설명한 스텝핑 모터는 자동차 기술이 발달하면 할수록 여러 구동 요소를 정밀히 제어해야 하는 필요성이 요구되기 때문에 그 적용하는 부위가 점점 증가하게 되어 자동차 전자 제어를 공부하는 사람은 반드시 접근하고 가야 할 부분이라고 생각한다.

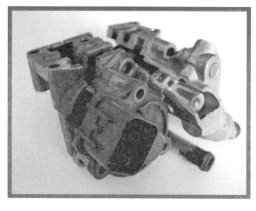

🔺 사진11-15 스로틀보디에 장착된 ISC 서보모터

🔺 사진11-16 스텝핑 모터 탈착

2. 스텝핑 모터의 점검 방법

🔺 사진11-17 스로틀보디에 부착된 ISC서보

🔺 사진11-18 ISC 서보 핀틀

ISC 제어용 스텝핑 모터는 엔진을 정지 할 때 재시동성을 용이 하게 하기 위하여 ISC 밸브를 전개 시켜 놓고 있다. 또한 모터를 구동 시킬 때만 ECU(컴퓨터)는 제어하기 때문에 스텝핑 모터의 회전 변동 조건이 되지 않을 때는 제어를 하지 않고 있다.

따라서 스텝핑 모터의 커넥터를 탈착하면 스텝핑 모터는 현재의 위치에서 고정된다. 이와 같이 스텝핑 모터를 간이적으로 점검 할 때에는 커넥터를 제거하여 보는 것도 한 방법이라 할 수 있다.

🔺 사진11-19 로터 ASS'Y

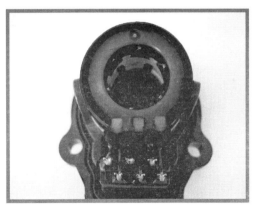

🔺 사진11-20 스테이터 ASS'Y

그러나 자동차에 사용되는 PM형 바이폴러 권선 방식의 스텝핑 모터의 구동 회로 점검은 스텝핑 모터의 구동 조건이 되어 모터가 회전할 때 구동 파형을 오실로스코프를 사용하여 2상 여자 파형이 출력 되는 지를 확인하면 구동 회로의 이상 여부를 간단히 진단할 수가 있다.

만일 오실로스코프가 없어 간이적으로 점검이 필요한 경우는 LED(발광 다이오드)용 체크 램프를 이용하여 LED(발광 다이오드)가 모터가 구동 할 때 점멸을 하면 스텝핑 모터의 제어 회로는 이상이 없다고 판단하여도 좋다.

또한 이와 같은 흡기 계통의 흡입 공기량을 제어하는 모터는 카본(carbon) 등에 퇴적으로 스텝핑 모터의 핀틀(pintle)이 움직이지 않는 경우도 있으므로 점검시 확인을 요하는 부분이다.

12

부   록

자동차용센서

12 CHAPTER

부 록

 ## 주요 약어

ABS(anti lock brake system)	차륜 록(lock) 방지의 브레이크 장치
AC(alternating current)	교류
A/C(air conditioner)	공기 조화 장치(냉방 장치)
ACC(accessory)	보조 기구의 통칭
ACK 비트(acknowledge field bit)	데이터의 확인 비트
ACU(air bag control unit)	에어백 ECU
ACV(air cut valve)	2차 공기 차단 밸브
ADC(analog to converter)	A/D 변환기
A/F(air fuel)	공연비
AFS(air flow sensor)	공기 유량 센서
AH(ampere hour)	단위 시간당 전류 용량의 단위
AI(artificial intelligence)	인공 지능
ALC(auto lighting control unit)	자동 헤드라이트 컨트롤 유닛
ALT(alternator)	올터네이터의 약어로 발전기를 말한다.
ALT-G	올터네이터의 G단자
ALT-FR	올터네이터의 FR 단자
ALU(arithmetic logic unit)	연산 논리 유닛
AM(aimer)	에이머의 약어로 조준기 또는 조준자를 뜻한다.
AM(amplitude modulation)	진폭 변조
AMP(amplifier)	증폭기의 약어
API(american petrol institute)	미국 석유 협회

ARB(air resource board)	미국 캘리포니아 주에 있는 대기 자원국
A/T(automatic transmission)	자동 변속기
ATC(automatic temperature controller)	자동 온도 조절 장치
ATDC(after top dead center)	상사점 후
ATF(automatic transmission fluid)	자동 변속기 오일
AV(audio & video)	음향 및 영상
AV(outlet valve)	출구 밸브
ATC(automatic temperature controller)	자동 온도 조절 장치

B(black)	검정색
Br(brown)	갈색
BATT(battery)	배터리
BCV(boost control valve)	과급 제어 밸브
BCM(body control module)	운전자의 편의를 위한 경보 및 시간 제어 장치를 말함
BWS(back warning system)	후방 물체 감지 시스템을 말함
BTDC(before top dead center)	상사점전
BZ(buzzer)	부저

CAS(crank angle sensor)	크랭각 센서
CAN(controller area network)	전자 제어용 표준 통신 방식
C/B(console box)	콘솔 박스의 약어
CC(catalytic converter)	촉매 장치
CCS(cooling control seat) 회로	냉난방 및 시트 회로의 약어
CD(compact disk drive)	콤팩트디스크 드라이브 약어
CDI(condenser discharge ignition)	축전기 용량식 점화 장치
CK(clock)	클럭의 약어
CKP(crank position sensor)	크랭크 포지션 센서의 약어
CLC(compressor lock controller)	컴프레서의 제어용 유닛
CPS(cam position sensor)	캠 포지션 센서의 약어
CPU(center process unit)	컴퓨터의 중앙 연산 처리 장치
CV(constant velocity)	등속도

DC(direct current)	직류
DCC(damper clutch control)	댐퍼 클러치 컨트롤의 약어
DCU(door control unit)	도어 컨트롤 유닛
DIAG(diagnosis)	자기 진단의 약어
DLI(distributor less ignition)	배전기가 없는 점화 방식
DOHC(double over head cam)	흡 · 배기 밸브가 각각 2개인 흡배기 장치
DVV(double vacuum valve)	2중 전자 밸브를 말함
DSP(digital signal processor)	디지털 신호 처리의 약어

ECM(engine control module)	전자제어엔진의 제어 모듈
ECU(electronic control unit)	전자제어장치
ECS(electronic control suspension)	전자제어 현가장치
EEPROM(electrical erasable and programmable read only memory) : 플래시 메모리	
EFI(electronic fuel injection)	전자제어연료분사
ECM(engine control module)	전자제어엔진의 제어 모듈
ECU(electronic control unit)	전자제어장치
ECS(electronic control suspension)	전자제어 현가장치
EFI(electronic fuel injection)	전자제어연료분사
EGI(electronic gasoline injection)	전자제어연료분사
EGR(exhaust gas recirculation)	배기가스 재순환장치
EGW(exhaust gas warning)	배기가스 경보
ELC A/T(electronic control automatic transmission)	전자제어 오토 트랜스미션
EMP(empty)	비어 있다는 표시로 주로 연료계에 사용한다.
EPS(electronic power steering)	전자 제어 조향 장치
E/R(engine room)	엔진 룸의 약자
ESV(experimental safety vehicle)	안전 실험차
ESS(engine speed sensor)	차속 센서
ESA(electronic spark advance)	전자제어 점화진각장치
ETACS(electronic time and alarm control system)	시간 및 경보 제어장치
EV(inlet valve)	입구 밸브
EX(exhaust)	배기, 배출을 의미

FCSV(fuel cut solenoid valve)	연료 차단 밸브
FBC(feedback carburetor)	전자 기화기 방식
FET(field effect transistor)	전계 효과 트랜지스터
FF(front engine front drive)	전륜 구동 방식
FIC(fast idle control)	워밍업 시간 단축을 위한 공회전 속도 조절
FL(front left)	앞 좌측
FM(frequency modulation)	주파수 변조
F/P(fuel pump)	연료 펌프
FR(front right)	앞 우측
FR(front engine rear drive)	후륜 구동 방식
FS(fail safe)	페일 세이프의 약어
FSV(fail safe valve)	페일 세이프 밸브의 약어
F1(formula-1)	경주용 전용 자동차
FT(foot)	영국식 길이의 단위로 1 foot는 12인치를 말함

G(green)	녹색
Gr(gray)	회색
G-센서(gravity sensor)	가속도를 검출하는 센서
G-신호(group signal)	실린더 판별 신호
GND(ground)	접지
GPS(global positioning system)	위치 추적 시스템

HBA(hydraulic brake assist)	하이드롤릭 브레이크 어시스트
HC(hydro carbon)	탄화수소
HCU(hydraulic coupling unit)	동력전달 장치의 유압 연결 유닛
HECU(hydraulic ECU)	ABS ECU를 의미 한다.
H/F(hend free)	송화기를 잡지 않고도 통화가 가능한 장치
HFP(high pass filter)	고역 패스 필터

HID 헤드 램프(high intensity discharge head lamp)	HID 헤드램프
HIC(hybrid IC)	하이브리드 IC의 약어
HIVEC A/T(Hyundai intellgent vehicle electronic control)	현대 하이백 A/T
H/LP	헤드 램프(head lamp)
H/P(high pressure)	고압
HSV(hydraulic shuttle valve)	하이드로릭 셔틀 밸브
HU(hydraulic unit)	ABS의 유압 발생 작동부

IC(integrated circuit)	집적 회로
I/C(inter cooler)	인터쿨러
IDL(idle)	아이들 스위치
IG(ignition)	점화
IGN(ignition)	점화
INS(inertial navigation system)	관성식 항법 장치
INT(interval)	간격, 간극
INT(intermit)	간헐적
I/O(input & output)	입출력을 말함
ISC(idle speed control)	공회전 속도 조절
ISO(international standardization organization)	국제 표준화 기구
ITC(intake air temperature compensator)	흡기 온도 보정

J/B(junction box)	와이어 하니스의 중간 커넥터, 퓨즈 박스, 릴레이 등을 연결하기 위한 박스

KCS(knock control system)	노킹 컨트롤 장치

L(blue)	청색
Lg(light green)	연두색
L(lubricate)	윤활
LAN(local area network)	시리얼 통신 방식의 일종
L/C(lock up clutch)	록업 클러치
LCD(liquid crystal display)	액정 표시의 약어로 사용한다.
LED(light emitting diode)	발광 다이오드의 약어
LF(low frequency)	저주파수
LPF(low pass filter)	저역 패스 필터
LH(left hand)	좌측
LLC(long life coolant)	냉각수
LNG(liquefied natural gas)	액화 천연 가스
L/P(low pressure)	저압의 약어로 사용한다.
LPA(low pressure accumulator)	저압을 축압하는 어큐뮬레이터
LPG(liquefied petroleum gas)	액화 석유 가스
LPWS(low pressure warning switch)	ABS 어큐뮬레이터의 하한 설정 액압 감지

MAP(manifold absolute pressure)	흡기관 압력
MAX(maximum)	최대
MCS(multi communication system)	생활 정보, 방송 수신 등의 기능을 갖춘 총칭
MCV(mixture control valve)	스로틀 밸브가 급격히 닫힐 때 별도 공기 도입밸브
MDPS(motor driven power steering)	전동 모터식 파워 스티어링
MF battery(maintenance free battery)	무보수 배터리
MIL(mal function indicator lamp)	고장 코드를 표시하는 경고등
MIN(minimum)	최소
MOS IC(metal oxide semiconductor integrated circuit)	산화 절연층에 반도체를 확산하여 금속을 증착한 반도체
MPI(multi point injection)	전자 제어 엔진의 한 방식
MPU(micro process unit)	마이크로 컴퓨터를 말함

MSC(motor speed control)	모터 스피드 컨트롤의 약어
MTR(motor)	전동 모터
MUT(multi use tester)	전자 제어 장치의 고장 진단 테스터
MUL(multi use lever)	스티어링의 컬럼 스위치
MWP(mulitipole water proof-type connector)	전극별 독립 방수 커넥터

N(neutral)	중립
N/A(natural aspiration)	자연 흡기
NC(normal close)	노말 크로스(상시 닫힘)
Ne 신호	크랭크각 신호
NO(normal open)	노말 오픈(상시 열림)
Nox(nitrogen oxide)	질소 산화물

O(orange)	주황색
OBD(on board diagnosis)	배출 가스 장치를 모니터링 하는 자기 기능 규정
OCV(oil control valve)	유압 통로를 개폐하여 2차 흡기 밸브를 제어하는 밸브
OD(over drive)	고속용 기어 기구
OD SOL 밸브(over drive solenoid valve)	오버 드라이브 솔레노이드 밸브
ODO 미터(odometer)	거리계
O/F(optical fiber)	광 섬유
OHC(over head cam)	1개의 캠 샤프트로 흡기, 배기의 밸브를 개폐하는 캠 샤프트
OPT(option)	선택 품목
OP AMP(operational amplifier)	연산 증폭기

P(pink)	분홍색
P(parking)	주차
Pp(purple)	자주색
PCB(printed circuit board)	인쇄 회로 기판
PCM(pulse code modulation)	펄스 코드 변조
PCV(positive crankcase ventilation)	블로우 바이 가스 재순환 장치
PG(pulse generator)	펄스 제너레이터(마그네틱 픽업 코일 방식)
PIA(peripheral interface adapter)	병렬 처리 인터페이스 회로 소자
PIC(personal identification card)	퍼스널 아이덴티피케이션 카드
PIM	흡기관 압력
PROM(programmable read only memory	쓰기가 가능한 ROM 메모리
PS(power steering)	파워 스티어링
PSI(pound per square inch)	미 압력 단위
PTC(positive temperature coefficient)	정온도 특성
PTO(power take off)	엔진의 동력을 이용한 윈치 또는 펌프
P/W(power window)	파워 윈도우
PWM(pulse width modulation)	펄스 폭 변조

R(red)	빨강색
R(resistor)	저항
R-16(resistor-16)	고압 케이블의 저항이 1m에 16kΩ을 의미
RAM(random access memory)	일시 기억 소자
RF(radio frequency)	고주파수
RH(right hand)	우측
RKE(remote key less entry)	리모트 키 레스 엔트리
RL(rear left)	뒤 좌측
ROM(read only memory)	영구 기억 소자
RPM(revolution per minute)	1분간의 회전수
RR(rear engine rear drive)	후부의 엔진과 후륜 구동
RR(rear right)	뒤 우측

RTR 비트(remote transmission request bit)	자동 원격 송신 요구 비트
RV(recreation vehicle)	레크레이션용 자동차
RX(receiver)	수신 또는 수신기의 약어
RZ(red zone)	위험 한계선의 약어

S(silver)	은색
SAE(society of automotive engine)	미국 자동차 기술자 협회
SAT(SIEMENS adaptive transmission control)	지멘스(사)의 자동 변속기의 제어 알고리즘
SBSV(second brake solenoid valve)	2ND 브레이크 솔레노이드 밸브
S/C(super charger)	슈퍼 차저 과급기
S(silver)	은색
SAE(society of automotive engine)	미국 자동차 기술자 협회
SAT(SIEMENS adaptive transmission control)	지멘스(사)의 자동 변속기의 제어 알고리즘
SBSV(second brake solenoid valve)	2ND 브레이크 솔레노이드 밸브
S/C(super charger)	슈퍼 차저 과급기
SCR(silicon controlled rectifier)	실리콘 제어 정류 소자
SCSV(slow cut solenoid valve)	감속시 연료 차단밸브
SI(system international units)	국제 단위계
SIG(signal)	신호의 약어
SL(side left)	측면 좌측
SLV(select low valve)	ABS에서 차륜의 유압을 조절하는 밸브
SNSR(sensor)	센서의 약어
SOF(start of frame)	초기 데이터 비트
SOHC(single over head cam shaft)	캠 축이 1개인 OHC 엔진
SP(speaker)	스피커
SPI(single point injection)	전자 제어 연료 분자 장치의 일종
SPW(safety power window)	세이프티 파워 윈도우
SR(side light)	측면 우측
SRS(supplemental restraint system)	에어-백 장치
SS(standing start)	정지에서 발진을 말함
SSI(small scale integration)	소형 집적 회로
ST(start)	시작, 시동의 약어

ST(special tool)	특수 공구의 약어
STD(standard)	표준
STM(step motor)	스텝 모터의 약자
STP(stop)	정지
SW(switch)	스위치

T(tawny)	황갈색
T(tighten)	단단한
TACS(time and alarm control system)	시간, 경보등을 제어 하는 편의 제어 장치
TC(torque converter)	토크 컨버터
T/C(turbo charger)	터보 차저
TCL(traction control system)	구동력 제어 장치
TCM(transmission control module)	전자 제어 자동변속기의 제어 모듈
TCM(tilt control module)	스티어링의 위치를 자동으로 제어하는 모듈
TCU(transmission control unit)	전자 제어 자동변속기의 ECU 약어
TCV(traction control valve)	트랙션 컨트롤 밸브
TDC(top dead center)	상사점
TEMP(temperature)	온도
TPS(throttle position sensor)	스로틀 개도 위치 감지 센서
TR(transistor)	트랜지스터의 약어
T/S L(turn signal left)	좌측 방향 지시
T/S R(turn signal right)	우측 방향 지시
TTL(transistor transistor logic)	트랜지스터 로직으로 이루어진 디지털 IC
TX(transmitter)	송신, 송신기의 약어

UCC(under floor catalytic converter)	언더 플로우에 장착된 촉매 장치
UD(under drive)	언더 드라이브의 약어
UD SOL 밸브(under drive solenoid valve)	언더 드라이브 솔레노이드 밸브
UV(ultraviolet ray)	자외선

V(violet)	자주색
VCU(viscous coupling)	비스커스 커플링, 점성 계수
VCM(vacuum control modulator)	배큠 컨트롤 모듈레이터
VDC(vehicle dynamic control)	비이클 다이내믹 컨트롤
VENT(ventilator)	환기, 통기 장치의 약어
VHF(very high frequency)	초단파
VOL(volume)	체적, 음량
VSO(vehicle speed output)	차속 신호 출력
VSV(vacuum switching valve)	부압 교체 밸브
VSS(vehicle speed sensor)	차속센서의 약어

W(white)	흰색
WB(wheel base)	축간 거리
4WD(4 wheel drive)	4륜 구동
W/H(wire harness)	배선 묶음
W/P(water pump)	워터 펌프
WTS(water temperature sensor)	수온센서

Y(yellow)	노랑색

■ 저자약력

김 민 복

- 1971 ~ 1974년　　수도 전기 공업 고등학교 전자과 졸업
- 1974년　　　　　무선 설비 기사 3급, 특수 무선 기사 취득
- 1976 ~ 1979년　　육군, 통신 학교 121기 (전역)
- 1975 ~ 1983년　　명지대학 전자공학과 졸업
- 1983 ~ 1986년　　현대 전자(주) 연구소 자동차 전장품 개발
　　　　　　　　　(트립 컴퓨터, ETACS 하드웨어 설계)
- 1987 ~ 1992년　　현대 전자(주) 자동차 전장품, 생산 기술 과장 (現) 하이닉스(주)
- 1986년　　　　　미쓰비시 전기(주) 엔진 ECU 품질 보증 연수
- 1987년　　　　　미쓰비시 전기(주)　A/T ECU 품질 보증 연수
- 1992 ~ 1996년　　현대 자동차 정비 연수원, 정비 교육
- 1997 ~ 1998년　　현대 자동차 고객 지원 팀장
- 1999 ~ 2000년　　기아 자동차 정비 연수원, 정비 교육
- 2000 ~ 2003년　　현대, 기아 통합 본부 정비 교육
- 2003 ~ 현재　　　최신 자동차 전기, 자동차 센서, 자동차 기초 전기 등 집필
- (現) e-자동차 전기 연구원

※ e-mail : eecar1234@yahoo.co.kr